插图珍藏版

茶之书

[日]冈仓天心 著

王蓓 译

華中科技大學出版社
http://www.hustp.com
中国·武汉

茶

[日]细井徇《诗经名物图解》之荼，后演变为茶，
此处是一种苦菜，为菊科苦荬菜属

冈仓天心（1863-1913），日本明治时期美术先驱、美术活动家、教育家和思想家，日本近代文明启蒙期最重要的人物之一。冈仓天心致力于保存和发扬日本传统艺术和美学，他用英文著有《茶之书》《东方的理想》和《日本的觉醒》等书，向西方宣传东方文化，被日本美术界尊称为“日本近代美术之父”。

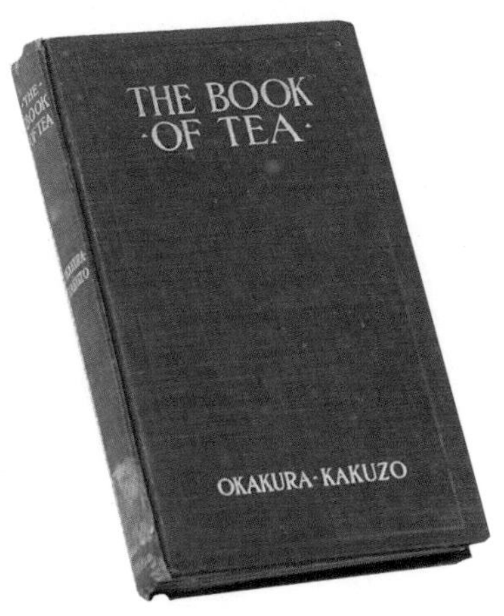

《茶之书》英文第一版。《茶之书》最初是冈仓天心用英文写就，1906 年在美国出版，即获得世界性的声誉，并入选美国教科书。

弘君舉食檄寒溫既畢應下霜華之茗三爵而終應下諸蔗木瓜元李楊梅五味橄欖懸豹葵羹各一杯

孫楚歌茱萸出芳樹顛鯉魚出洛水泉白鹽出河東美豉出魯淵薑桂茶荈出巴蜀椒橘木蘭出高山蓼蘇出溝渠精稗出中田

華佗食論苦荼久食益意思

壺居士食忌苦荼久食羽化與韮同食令人體重

郭璞爾雅注云樹小似梔子冬生葉可煮羹飲今呼早取爲茶晚取爲茗或一曰荈蜀人名之苦荼

世說任瞻字育長少時有令名自過江失志既下飲問人云此爲茶爲茗覺人有怪色乃自分明云向問飲爲熱爲冷

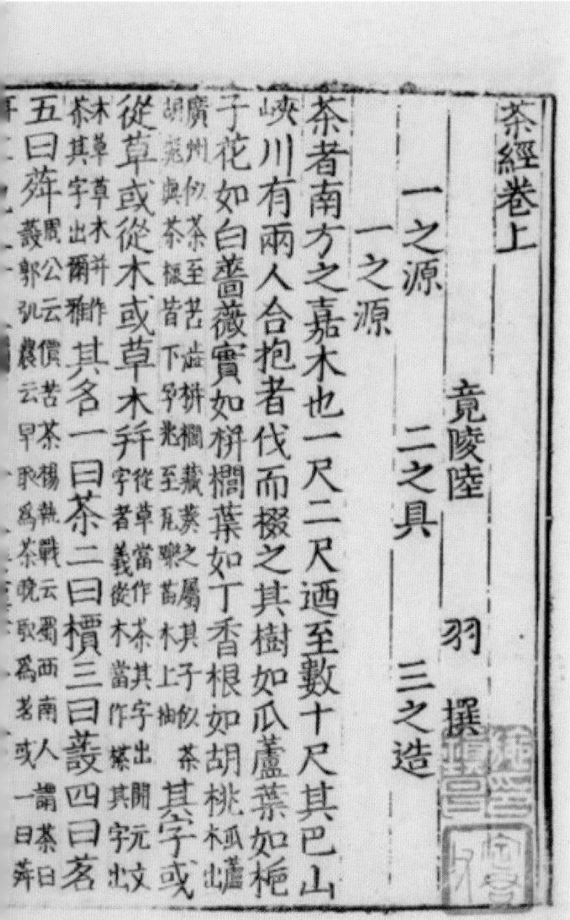

茶經卷上

竟陵陸　羽　撰

一之源　二之具　三之造

一之源

茶者南方之嘉木也一尺二尺迺至數十尺其巴山峽川有兩人合抱者伐而掇之其樹如瓜蘆葉如梔子花如白薔薇實如栟櫚葉如丁香根如胡桃（瓜蘆木出廣州似茶至苦澀栟櫚蒲葵之屬其子似茶胡桃與茶根皆下孕兆至瓦礫苗木上抽）其字或從草或從木或草木并（從草當作茶其字出開元文字音義從木當作梌其字出本草草木并作茶其字出爾雅）其名一曰茶二曰檟三曰蔎四曰茗五曰荈（周公云檟苦茶楊執戟云蜀西南人謂茶曰蔎郭弘農云早取為茶晚取為茗或一曰荈耳）

唐·陆羽《茶经》，在《茶之书》第二章“茶的流派与沿革”中，冈仓天心详细介绍了陆羽的《茶经》，用细腻的笔意表述了对中国古人情怀的景仰。

桒爲溪先生隷字
皇都相國寺大典長老贈
爲大火之燒失今寫而
浪花蒹葭堂傳之

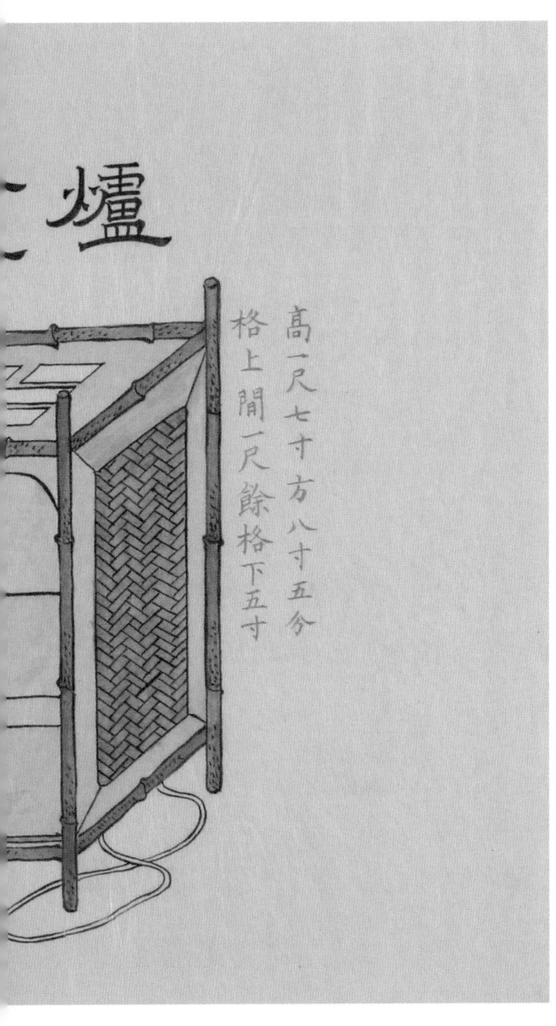

取自《卖茶翁茶器图》

急焼

唐山製

二枚

高三寸許

両品共

浪花　蒹葭堂蔵

取自《卖茶翁茶器图》

日本小原流派二代家元小原光云插花作品

宋墨定凫尊

取自《历代名瓷图谱》

一碗喉吻润，两碗破孤闷。

三碗搜枯肠，唯有文字五千卷。

四碗发轻汗，平生不平事，尽向毛孔散。

七碗吃不得也，唯觉两腋习习清风生。

蓬莱山，在何处?

玉川子，乘此清风欲归去。

【序】

近百年来，无论在哪一个时间节点，阅读《茶之书》都是一次寻美之旅。

一是因为这本书，固然也讲了茶，但讲茶之外，更多是讲道与美。冈仓天心一开始就把茶置于东方的哲学和审美之中，茶不再是单纯的饮料，而是一种东方精神的代表。

二是这本书引人思考一个非常紧要的问题，那就是：中国为何没有出现像日本这样的茶道？

我们的字典里没有“茶道”这个词，生活中也没有真正的茶道践行者。

但日本历代学者与茶人都认为，日本的茶道源自中国。

那些向往中国的日本茶人，就像荣西禅师一样，他们离开自家的小茶室，跋山涉水而来，只为看一看茶道的发源地到底是什么样子。

可是，他们到了中国才发现，这里的人喝茶居然是另一番景象。就像我们一头扎进日本茶室，也会莫名惊诧一样，这么小的茶室，这么烦琐的仪式，喝的居然是“茶渣渣”！

因为有了《茶之书》的世界，与没有《茶之书》的世界，是大不一样的。如果说陆羽的《茶经》是中国人的 “茶之圣经”的话，那么冈仓天心的《茶之书》就是西方人的“茶之圣经”。从麦克法兰在《绿色黄金：茶叶帝国》的引述来看，《茶之书》在英语世界比《茶经》流行更广。

中国的茶不分阶级，但日本的茶道却有等级。

确实，荣西禅师带回去的茶，治好了源实朝将军的病，茶在日本才得到推广。但问题是，在中国，茶的推广难道没有得到权贵乃至帝王的支持么？从陆羽起，茶叶就与权贵紧密联系，宋徽宗也曾大力推广茶叶。

茶在全球的扩散，遵循了一个铁律：先是药品，可以救命；后是神品，可以通灵；再接着是妙品，可以舒心；最后才是饮品，可以解渴。冈仓天心讨论的是前三者，茶解渴的功用，他才不关心呢。

冈仓天心在西方传播东方的茶文化，所产生的影响无人能及。他与同时期的佛学大师铃木大拙一起掀起了“禅茶一味”的惊涛骇浪，至今尚未平息。我们也许要进一步追问的是，为什么中国没有出现像冈仓天心和铃木大拙这样在茶文化领域有影响力的大师。重要的是，冈仓天心与铃木大拙带给日本国民文化上的自信，使他们不再盲从西方文化。

冈仓天心与铃木大拙，向西方传播东方文化的时候，其实更多的是在用东方文化对抗西方文化。

茶道在其中，显得异常耀眼。

“喝茶不过是小事一桩，与灵性境界有什么关系？”

“茶就是茶，还能是什么？”

“把茶变成某种奇怪的艺术有什么意义呢？”

……

铃木大拙说：“当我坐在茶室喝茶的时候，我是把整个宇宙喝到肚子里，我举起杯子之刻即超越时空的永恒。谁说不是呢？茶道所要告诉我们的，远比保持万物的平衡，使他们远离污染，或者单纯地陷入宁静深思的状态要多得多。”

《茶之书》在千利休一章戛然而止，令无数人潸然泪下。

利休在茶会结束后，温柔地凝视着致命利剑那闪亮的刀锋，口中吟诵着优美的辞世之句，面带微笑，迈向了未知的彼岸。

日本艺术家赤濑川原平在为电影《利休》写剧本的时候，不满意这个结局。他把千利休的结局安排在一个未完成的茶室里，千利休构思了一个茶室，还来不及建造。这给世人留下足够的想象空间。

我也画过一个茶室，它就是我现在办公室的样子。很是巧合，我在重读新版《茶之书》之前，刚好把陆羽《茶经》能找到的20多个版本翻了个遍，我发现他们太在意那个“茶”字，反而忘记了解释“经”字。所谓“经”，就是已经准备好了的经线，经线与纬线构建了一个秩序，乃至一个世界。“茶经”其实就是使茶有秩序，这难道不是茶道？

好了，我已经完成了我的寻美之旅。而你，又如何呢？

周重林

【导读】

我的老家乡下有一片茶园，各家的屋后地角，也有零星的几棵茶树。到了春天，妇女们就结伴上山采茶。那些茶树从来也不见有人去打理它们，只是任性生长；采茶也是一件想到了才会去做的事，并不一定非去不可。有人约了，才去采一些——妇女们在腰间系一条围裙，采了茶叶，再用围裙兜着回来——十分随意的样子；茶叶总计没有多少片，似乎她们在茶山上谈天说笑，才是一件正经事。

我曾在村庄里的小学校念书，虽说是小学校，统共也没有几个学生，但劳动课却是有的。春天里也会有一天，大家集体上山采茶。我们把采来的茶叶，统一交给老师，老师再统一过秤，交给茶园的主人——似乎是村集体。这样采茶，有些许微薄的工钱，统一算给学校，用来添置一点柴火，或者换来一些油印试卷的蜡纸。至于那些茶叶，村里的人会在炒制好以后，送一些到学校里来，给老师们喝。

后来我才知道，好的茶叶，那么贵。茶叶为什么会那么贵呢?无非是一些树的叶子，无非是把树的叶子烘干了，再用开水把叶子泡开，无非是一些苦的东西，一些涩的东西。小时候的我，百思不得其解。

村里人喝茶，喜欢泡浓酽的茶，用的是老茶根——既有粗茶梗，又有张开的老茶叶，根本不是现在人们所讲究的“一旗一枪”那样的嫩芽。一个茶缸里面，大半缸都是茶叶、茶梗。耕田佬下田劳作，也会带上一大缸浓茶。暑假里割稻子，父亲会带上一钢精锅的茶，放在稻田阴凉处。割稻子累极了时，我们就坐在水稻的中间，大口大口地喝那些浓茶。夏日的热风，吹到脸上，我们觉得那浓茶也是甘甜无比的。

今年有一天，我去见一位新朋友，发现他居然是做茶器的。我坐在他的工作室里喝茶，他用自己设计、烧制的茶壶来泡茶。看他泡茶，仿佛时光都慢下来了。他烧制的茶器，用的是汝窑工艺，自己调了一种釉，因其细腻，故名之以“青羊脂”。青羊脂的茶壶上面，还搭配了有意思的铁锈釉，细看，表面有细密且内敛的开片。

茶室也很特别，徒有四壁，壁上空无一物。

坐在那里喝茶，内心是澄澈的。慢慢地，他泡上一壶茶来。看他泡茶，我忽然觉得，茶与茶的喝法，是不一样的。

20多年前，美国人比尔·波特来到中国，前往终南山寻访隐士。在中国的历史上，隐士是一个历史悠久的小众群体。他这样写道：“我能够理解为什么有的人什么都不想要，而只想过一种简单的生活：在云中，在松下，在尘廛外，靠着月光、芋头过活。除了山之外，他们所需不多：一些泥土，几把茅草，一块瓜田，数株茶树，一篱菊花，风雨晦暝之时的片刻小憩。”

确实如此，月光、芋头、菊花、茶树，都是与隐士生活关系最密切的东西。即便是现在这个年代，依然有人归隐山林，找一个林深泉幽之处，在那里结庐而居，烹茶、参禅、农耕和读书，偶尔也上网和写作。

酒近侠，茶类隐。茶的历史，在中国源远流长。从西汉一直到隋唐，古人都是煮茶来饮，持续千年。到了初唐，人们开始讲究起喝茶的形式，有了煎茶，也有人尝试着在煎茶的同时，加入盐、姜等佐料。唐代的煎茶法，复杂，高雅，只适合少数的文人墨客在山林隐逸的时候，五六个人在一起来煎茶。到了宋代，饮茶又发生了变化，形成了点茶法。到了明代，饮茶法又简化，成为撮泡法。饮茶的形式越来越简化，到了清代，就是泡茶了。

南宋末年，禅宗的临济宗一派的点茶礼仪，被东渡僧从径山寺带到了日本。于是，日本有了茶道，它是南宋点茶法的一个分支。

所以日本的茶道，礼仪非常严格，也非常富有禅味，正是因为它的来源是中国的临济宗。15世纪末至16世纪初，日本室町时代的村田珠光，成为茶道鼻祖；武野绍鸥，则为茶道中兴名人；稍后于二人的千利休，则把茶道引至巅峰，成为茶道文化之集大成者。他们以日常生活中的社交文化为基础，建立了绝对和平的、充满人间之爱的殿堂。

茶道，是日常生活的艺术，是一场心的交流与美的盛筵，甚至是对美的信仰。茶道与美学直接相关。那么，这种信仰的内容是什么呢？冈仓天心在这本《茶之书》里一言以蔽之：

> **本质上，茶道是一种对“不完美”的崇拜，是在众人皆知不可能完美的生命中，为**

了成就某种完美而进行的温柔试探。

茶要怎么喝？

《红楼梦》第四十一回里，妙玉说道：“一杯为品，二杯即是解渴的蠢物，三杯便是饮牛饮骡了。”这是有“道”蕴含其中的，而我们今人随意饮茶，其实是已经离“道”甚远了——有“日常生活”，却没有“艺术”。

在冈仓天心的笔下，茶不仅是一种解渴的饮品，更是东方文明的凝结。冈仓天心是东京帝国大学[①]的首届毕业生，创办了东京美术学校[②]，还以京都、奈良等地为中心，对日本古代美术进行了精心的调研。1893年，他31岁时，游历了北京、洛阳、龙门、西安，寻访中国古代艺术的踪迹。1901年，他访问了印度。1904年，他受邀去美国波士顿美术馆工作，去时只带了一人一书：一个助理，一本陆

① 东京大学的前身。

② 东京艺术大学的前身。

羽的《茶经》。他在那里潜心研究东方美术，1906年，写出了这本《茶之书》。

冈仓天心发现，东西方平等的对话与共通的人情，可以在一个小小的茶碗中展开：“不过有趣的是，到目前为止，东西方之间彼此差异的人心，却在这茶碗中得以并存。茶道成为唯一一个得到世界普遍尊重的亚洲仪式。”

就这样，冈仓天心试图用英文撰写一本介绍日本茶道的书，向西方世界展示日本的“生的艺术”。在他看来，武士道是日本人“死的艺术”，而茶道，则是日本人“生的艺术”。

《茶之书》于1906年5月在纽约上市后，席卷全美，不仅被选入美国中学教科书，还越过海峡，被译成德语、法语、瑞典语等，遍及全欧洲，冈仓天心也因此名声大振。现在全世界的人之所以对日本的茶道充满尊敬，这本书起了非常大的作用，包括我们现在对茶的理解，也跟这本书有很大的关系。

> 对当代中国人来说，茶只是一种滋味上佳的饮品，无关理想。持续不断的国难早已夺走了他们探索生命意义的热情。他们变得更现代了，也就是说，变得老成又现实了。他们失掉了年轻人特有的豪情壮志，而正是这种豪情能永葆诗人与先贤的青春与活力。他们兼容并蓄，礼貌地接纳宇宙规则。他们游戏于大自然间，却不愿屈尊去征服或膜拜它。他们手上的那盏茶依旧醇香醉人，散发出花一般的香气，然而茶盏之中却再也寻觅不到唐宋茶道的浪漫之情了。

这一段话，让人读了不得不陷入沉思，这写于一百年前的字句，对今人依然是一声警醒。茶事起于中国，日本的茶道却超越了中国，而茶叶生意做得好的则是英国人。中国枉自有一部陆羽的《茶经》，却既未能在茶道上，也未能在茶叶生意上占据巅峰位置。对此，周作人曾有一个解释，“中国人重实际的功利，宗教心很淡薄”，所以没法产生茶道这个东西，就好比早在明代就有《瓶史》而不曾产生花道一样。中国人将茶与柴米油盐酱醋并列，是居家必备之物，是世俗的；日本人则将饮茶上升为茶道，成为一门生之美学。

在这本书里，还有一则有趣的故事：

> 一次，利休看着儿子绍安清扫刷洗庭径。当绍安打扫完毕，利休却说：“不够干净。”并要求他重新做一次。又经过了一小时的辛苦清扫，绍安对利休说：“父亲大人，已经没有什么可做的了。石阶洗了三次，石灯和树木都洒过了水，苔藓和地衣都闪耀着新绿；地上干干净净，没留一枝一叶。”“蠢蛋！”利休斥责道：“庭径不是这么扫的！”说着，他迈入庭中，抓住一棵树摇动，刹那间，金红二色的叶子如秋日织

锦的碎片，飘落满园。

喝茶，意在茶外，从这个意义上说，每一位喝茶的人都是禅者。对于一位普通读者来说，《茶之书》这本薄薄的小书，就是一扇小门，穿过这扇小门所能见到的风景，就由各位自己去细细体味吧。

周华诚

目录

第一章

一碗见人性

茶，始于药，后成为饮品。在8世纪的中国，茶作为一桩雅事进入诗的范畴。15世纪，日本将其提升为一种对美的信仰——茶道。茶道是一种追求，是在日常生活的污浊之中，因对美的倾慕而产生的。纯净和谐的状态，仁慈互爱的秘诀，以及社会秩序中的浪漫主义情怀，都是茶道的谆谆教诲。本质上，茶道是一种对“不完美”的崇拜，是在众人皆知不可能完美的生命中，为了成就某种完美而进行的温柔试探。

茶之哲学，并非是人们通常所理解的那样，

仅是表达唯美主义的一个术语。它所表达的是我们融合了道德伦理与宗教信仰的天人观①。它要求卫生，坚持洁净；它展现出简约的舒适，无须讲究排场，亦不必铺张浪费；它是一套道德架构，界定了我们与宇宙之间的分际。茶代表着东方民主的真谛，它的信徒不论出身贵贱，都能从中获得不俗的贵族气质。

长期的与世隔绝，使日本崇尚自省，这对茶道的发展极为有利。日本人从家居摆设到生活习惯，从穿着打扮到烹调饮食，瓷器、漆器、绘画，乃至本土文学，无一不受到茶道的影响，任何研究日本文化的学者也都无法忽略它的存在。它既存于香闺雅阁，亦出入蜗居陋室。它让山野农夫通晓花草摆设之道，也让粗鄙工匠欣赏山石流水之意。在日常用语中，若有人对这亦庄亦

① 天人观是指对自然与人关系的认识。

谐的人生趣味无动于衷，我们会说他“心中无茶”。同样，若有人对这世间的疾苦视若无睹，只是沉溺于随心所欲的情绪之中，对这类放荡不羁的唯美主义者，我们则指责他“茶气太重”。

确实，圈外人士可能无法理解我们为何要如此小题大做。他们会说：这无非就是个“茶杯大的事儿”！然而，当我们细细思虑，就会发现人生喜乐只需这小小一杯，泪水很快便会充溢其中，而对永恒难以抑制的渴求，让我们能轻易地将其一饮而尽。念及此，对于在一杯茶上下如此大的功夫，我们着实不用自责。真要和人类做过的其他事情相比较，只能算是小巫见大巫。在对酒神巴克斯[①]的崇拜中，我们的献祭不加任何节

① 酒神巴克斯（Bacchus）是罗马神话中的神，他是葡萄与葡萄酒之神，也是狂欢与放荡之神，酒神节（Bacchanalia）就是专门为他举行的节日。

制；甚至连战神马尔斯[①]这个双手浸染鲜血的残酷形象，我们也对其进行了美化。那何妨奉茶之仙为王，并纵情于那自她的祭坛流泻而出的温暖情意之中呢？就着那象牙瓷茶盏中盛装的琥珀色茶汤，新进的门徒或可一品孔子的温雅静慧，老子的犀利快意，以及释迦牟尼的缥缈芬芳。

人们若不能感知己身不凡之中的渺小，多半也会忽略他人平凡之中的伟大。西方民众大多傲世轻物，茶道在他们眼中不过是东方国家的万千怪状之一，这些怪状构建出他们眼中奇特而幼稚的东方世界。当日本沉浸于温雅的和平艺术之时，西方人习惯于称其为蛮夷之地；而当日本在中国东北领土上肆意屠戮之时，他们反倒称其为“文明之邦”。近来西方盛行有关日本“武士道”的评论——这个让日本士兵对自我牺牲如痴

① 战神马尔斯（Mars）是罗马神话中的神，是古希腊奥林匹斯十二主神之一，被视为尚武精神的化身。

如狂的“死的艺术”，却鲜有人关注这完全代表“生的艺术”的茶道。如果必须要借由惨无人道的战争光环，才能被视为文明，那我们乐于继续野蛮。若终有一天，我们的艺术和理想能得到应有的尊重，我们乐于继续等待。

西方究竟何时才能够理解，或是愿意理解东方？他们用以偏概全的事例，加上各种异想天开，在亚洲人身上编织出一张光怪陆离的网，其内容令人惊骇莫名。我们要么是以吸收莲花香气为生，要么就是以老鼠蟑螂为食。我们的形象不是无能癫狂，就是骄奢淫逸。印度的灵性之说被嘲笑为无知，中国的冷静节制被视为愚蠢，而日本的爱国精神则不过是顺从命运的摆布而已。甚至还有人说，我们的神经组织麻木迟钝，所以感觉不到痛苦与伤害！

西方人若是想找这一类的乐子，何不让我

们给你们提供一些？亚洲人可是很注重礼尚往来的。来看看西方人在我们的故事与想象中的模样吧，这样就会有更多的笑料了。这其中包括因观察角度的不同而产生的魅惑，也带着因惊奇而不经意间流露出的敬意，更隐藏着对陌生事物的防备。西方人承载着太过高尚的美德，无法引起我们的艳羡；而他们所犯的罪行又过于独特，让人无法指责。古代的智者曾用文字告诉过我们，在西方人的外衣下藏着毛茸茸的尾巴，并且常常以新生婴儿熬成的肉汤为食！不仅如此，还有比这更糟糕的：过去，我们一直认为西方人是这个世界上最言行不一的人，因为在传闻中，他们宣讲鼓吹教义，自己却从不践行。

如今，这样的误解在我们这里正在迅速消失。贸易往来使欧洲各国的语言在东方的港口流传开来。亚洲的青年学子涌入西方大学，去接受现代教育。虽然我们还未能深入西方的文化核心，但至少我们有一颗好学的心。然而，我的某些同胞，深受西方文化和礼仪的影响，他们误以为穿上硬领衬衫，戴上高礼帽，便完成了西化。这样的矫揉造作固然令人可悲可叹，但他们却表现出我们愿卑躬屈膝，以求向西方靠拢的意愿。不幸的是，西方人的态度却并不利于他们了解东方。基督教的传教士来到这里只为了传授教义，而非接受。西方人对东方的了解，仅仅是基于一些文学作品的粗劣译本，而这些作品只是东方文学的沧海一粟罢了。更甚者，这些了解有的还是来自于旅人那些捕风捉影的奇闻轶事。能够像小泉八云[①]或是《印度生活之网》的作者[②]那般，愿意用正义的笔锋点亮我们的情感之炬，并照亮东

① 小泉八云（1850—1904），原名拉夫卡迪奥·赫恩（Lafcadio Hearn），爱尔兰裔日本作家，1890年来到日本，1896年加入日本国籍，共在日本生活了14年，代表作有《怪谈》《来自东方》等。

② 该书原名为《The Web of Indian Life》，作者尼维蒂塔（Nivedita，1867—1911），爱尔兰人，致力于印度的社会、文化、哲学与宗教的研究。

方暗夜之人，真是少之又少。

或许我的多言恰恰暴露出我对茶的浅薄认知。**言所应言，适可而止，才是礼仪之道**。然而，我并不希冀成为一名有礼的茶人。新旧世界之间的误解已经造成了太多的伤害，我若能挺身而出，为促进双方的理解而贡献自己的绵薄之力，又何须道歉。当初，若俄国肯纡尊降贵，多了解日本一些，那么揭开20世纪序幕的则不会是血淋淋的战争。对东方问题的轻蔑忽视，让人类付出了多么惨痛的生命代价！欧洲帝国主义大肆宣扬“黄祸”[1]这一谬称，却没有意识到，亚洲也终会察觉“白害”[2]的残忍之处。西方人可能会笑话我们“茶气太重”，但是，难道我们就不会觉

---

① “黄祸”指的是19世纪西方的一种极端民族主义理论，该理论宣扬黄种人对于白种人是一种威胁，其矛头主要针对中国和日本等国家。

② “白害”一词并不存在，该词是冈仓天心针对“黄祸”一词所造出来的。

得西方人“心中无茶”吗?

让我们收起这些互相攻讦抹黑的讽刺话吧。我们各自占据地球的一端，若不能深谋远虑，就只有黯然神伤了。虽然双方的发展路线不尽相同，但也没有任何理由说我们之间不能彼此增益互补。西方人以内心的安宁为借口，进行地盘的扩张；面对侵略，我们虽势单力薄，却创造出了和谐。西方人能相信吗？在某些方面，东方确实强过西方!

不过有趣的是，到目前为止，东西方之间彼此差异的人心，却在这茶碗中得以并存。茶道成为唯一一个得到世界普遍尊重的亚洲仪式。白人对我们的宗教信仰及伦理道德都嗤之以鼻，但他们却毫不犹豫地接受了这琥珀色的饮品。下午茶现如今已成为西方社会中一项重要的社交活动。从浅碟深盘的清脆碰撞声中，从好客女主人衣裙的摩擦声中，以及从常见的是否需要加牛奶或砂糖的询问声中，我们知道，西方人对茶的崇拜已经毋庸置疑地确立了。参加茶会的宾客愿意将前方的未知命运，交由杯底茶叶所呈现出的晦涩图案来决定，仅此就能表明，东方精神至高无上。

欧洲关于茶事年代最早的记录，相传出自一位阿拉伯旅行者的记述。他提到，自公元879年以后，中国广东省主要的财政收入来源就是盐茶之税。马可·波罗在其游记中也写道，1285年，曾有一位中国财政官员，因擅自提高茶叶的赋税而被罢官免职。从大发现时期[①]开始，欧洲人对遥远的东方开始有了更多的认识。16世纪末，荷兰人带来了这样的消息：东方人用一种灌木的树叶制成了好喝的饮料。此外，还有一些旅行家，

① 指的应是“地理大发现”时期，从15世纪到17世纪，欧洲的船队在世界各处的海洋上，寻找着新的贸易路线和贸易伙伴，以发展欧洲新生的资本主义。

如乔瓦尼·巴蒂斯塔·赖麦锡[①]、阿尔梅达[②]、马斐诺、塔雷拉等也分别于1555年、1576年、1588年和1610年记录了茶之事。[③]在1610年，荷兰东印度公司的船首次将茶叶带到了欧洲。1636年，茶叶来到法国；1638年，茶叶来到俄国的土地；英国则于1650年迎接了它的到来，并说它是“来自中国的绝佳饮品，受到了所有医生的认可，中国人称其为茶（Tcha），其他国家叫它Tay，或者Tee”。

如同世上所有美好的事物一般，茶的传播也曾遭遇干扰。像亨利·萨维尔之流的异端分子，就在1678年宣称喝茶是一种污秽的风俗习惯。乔

---

① 乔瓦尼·巴蒂斯塔·赖麦锡（Giovanni Batista Ramusio，1485—1557），意大利威尼斯学者，著有《航海记》。

② 阿尔梅达，葡萄牙医生、传教士，曾在中国与日本传教。

③ 根据作者原注，以上关于茶的史料出自保罗·克兰赛尔（Paul Kransel）1902年在柏林发表的学位论文。

纳斯·汉韦[①]在其1756年那篇《论茶》中也写道：习惯了喝茶之后，男人似乎丢掉了轩昂仪表，而女人则失去了秀美容貌。茶叶高昂的价格（一磅[②]要十五或十六先令[③]）让平民百姓自始就无福消受，因而茶“代表的是上流社会的娱乐消遣，并成为王公贵胄的社交赠礼”。尽管面临重重障碍，喝茶一事仍以惊人的速度传播开来。18世纪上半叶，伦敦的咖啡屋实际上已然变成了茶舍，更有像艾迪生[④]和斯蒂尔[⑤]这样的大能者将其作为度假之所，在“茶碟”上悠闲度日。这种饮品很快变成了生活必需品，也就意味着，政府能够

---

① 乔纳斯·汉韦（Jonas Hanway，1712—1786），英国旅行家。

② 英美制重量单位，1磅约等于0.45千克。

③ 英国货币单位，1先令等于12便士或1/20英镑。

④ 约瑟夫·艾迪生（Joseph Addison，1672—1719），英国散文家、诗人、剧作家。

⑤ 理查德·斯蒂尔（Richard Steele，1672—1729），英国散文家和剧作家。他与约瑟夫·艾迪生是好友，曾一同创办文艺刊物《闲谈者》（*The Tatler*），以及《旁观者》杂志（*The Spectator*）。

对其课以赋税了。这不禁使我们联想到茶在现代历史中所扮演的重要角色。原本逆来顺受的美国殖民地民众，在茶叶被课以重税之后，毅然揭竿而起。而美国的独立战争也正是源于波士顿倾茶事件[①]。

茶的滋味细腻悠长、沁人心脾，让人无法抗拒，心神往之。西方的幽默家早已将茶的醇香混入自己思想的芬芳之中。茶不似葡萄酒那般傲慢自大，不像咖啡那样顾影自怜，也无可可那种假意的天真。早在1711年，《旁观者》就刊登过如下文字："因此，我要向所有作息规律的家庭，特别推荐我的心得：每天早上请留出一小时，一起享用热茶与黄油面包的早餐；我还要诚挚地建

① 波士顿倾茶事件发生在1773年12月16日。因北美人民不满英国殖民者的统治，把英国商船上价值约1.5万英镑的茶叶全部倒入大海，以对抗英国国会，最终引发著名的美国独立战争。

议你们订购本刊，每日准时送至府上的报纸，将是您佐茶的良伴。”塞缪尔·约翰逊[①]把自己描绘成“固执又偏执的茶士，二十年间佐餐之物，唯有这令人心醉神迷的茶汤；以之消磨夜晚时光，以之慰藉午夜孤寂，以之喜迎清晨朝阳”。

一位虔诚的茶之信徒查尔斯·兰姆[②]曾这样写道：“我所知晓的最为愉悦之事，乃是不欲为人知之善，却不经意为人所知”，此话已道出茶道的真谛。盖因茶道正是此种艺术，它的美隐秘不宣，却可为人探知，且其中还隐含着你所不敢揭示的一切。茶道是一种浩然之法，让你能平静而真诚地自嘲，这也正是幽默的本质——富含哲理的笑意。在这个意义上，每个货真价实的幽默

① 塞缪尔·约翰逊（Samuel Johnson，1709—1784），英国作家、文学评论家和诗人，其编纂的《词典》对英语的发展做出了重大贡献。

② 查尔斯·兰姆（Charles Lamb，1775—1834），英国著名散文家，著有《伊利亚随笔》等作品。

家都可以被称为茶家——比如萨克雷[1]，当然莎士比亚也在其列。那些颓废派诗人（这个世界何时不颓废？）对物质主义提出抗议，在某种意义上也开辟了通往茶道之路。也许，如今的我们，若能正视自身的缺陷，东西方便能在相互安慰中并存。

道士说，太始之初，灵与物展开了一场殊死之战。最终，天宫的日神黄帝战胜了代表黑暗和大地的恶魔祝融[2]。身形巨大的祝融，在临死之时痛苦挣扎，一头撞上天顶，将玉制的蓝色穹顶撞成碎片。众星流离失所，月亮在荒凉的夜空罅隙中漫无目的地流浪。黄帝在绝望之中，苦苦寻找补天之人。皇天终不负有心人。一位女神自

① 威廉·梅克比斯·萨克雷（William Makepeace Thackeray，1811—1863），英国小说家，代表作为《名利场》。

② 中国上古神话中的人物，代表火神。

东海而出，她头生角，尾似龙，身披火焰铠甲，周身光彩夺目——这就是女娲。她从神炉中炼出五色霓虹，补好了中国的天宇。但亦有人说，天际无穷，女娲终是漏掉了两个小小的缝隙，并由此幻化出爱的两极——两个灵魂穿越虚空，不曾停歇，直到彼此交融，至此宇宙圆满。每个人都应该抱着希望与和平，重新打造一片属于自己的天空。①

现代社会中，对财富与权力的争夺，如同希腊神话中的独眼巨人②那般凶残，人性的天空已然崩塌。世界在自负和庸俗的阴影中摸索前行。学

---

① 在本段中，作者对中国古代神话传说进行了改编。女娲补天的前传应为祝融与共工之战，而非黄帝与祝融之间的战斗。关于女娲的形象及补天的材料等信息也与中国的古代神话传说不尽相同。而补天有漏缝之说及爱的两极之故事，或是作者以《红楼梦》第一回为原型，自创而成。

② 希腊神话中生活在西西里岛的巨人，其独眼长在额头上，它们强壮、固执、易冲动，但擅于锻造。

识得于败坏的良知，为善则因有利可图。东方与西方，如同惊涛骇浪之中上下翻腾的两条巨龙，都想拼命夺回生命的珍宝，然而一切却是徒劳。此时，我们多么需要女娲再世，来修补这世间的破败；我们等待着伟大的天神降临。但就在此刻，还是让我们轻啜一口茶吧。午后的阳光照亮竹林，欢快的泉水汩汩流淌，飒飒的松涛之声仿佛自我们的茶壶响起。就让我们沉浸在这转瞬即逝的美景之中，流连于万物的凡俗之美吧。

第二章 茶的流派与沿革

茶是一门艺术，需大师妙手泡制，方能绽放其最高贵的特质。茶有优劣之分，正如绘画有高下之别，且总是下者居多一样。要得一壶绝味好茶，并没有可依样画葫芦的秘方，就好比要再培养出一个提香[①]或一个雪村[②]那样，并无定法可循。每一种茶叶的备制与冲泡皆独一无二，各自都与水量、水温有着不同的契合程度，各自都拥有独特的叙事风格。而真正的美，就蕴藏其中。

---

① 提香·韦切利奥（Tiziano Vecelli，约1488—1576），意大利文艺复兴后期威尼斯画派的代表画家。

② 雪村周继（1504—1589），日本著名画家。

这艺术与人生的法则，既简单又基础，但社会民众却总也无法认清，并且我们也为此付出了巨大的代价。宋代诗人李竹懒曾悲伤地叹道，世间有三件憾事：慧徒毁于庸师之教，雅作流于粗鄙之眼，佳茗废于愚拙之手。①

与艺术一样，茶也有时代及流派之分。它的发展可粗略分为三个主要阶段：煎茶、点茶和撮泡法。我们现代所归属的乃是最后者。这几种不同的品茗方式，正体现了它们各自盛行之时的时代精神。盖因生活本身就是一种表达，我们不经意间的举动，总是泄露出内心最深处的想法。孔

① 李竹懒（1565—1635），即李日华，字君实，号竹懒，明代文学家。文中误将他认作宋人，且引用其句时，对原句略有改动。文中的句子出自《紫桃轩杂缀》卷二，其原文为："有好弟子为庸师教坏，有好山水为俗子妆点坏，有好茶为凡手焙坏。"

夫子曾云："人焉廋哉"[①]。或许，正是因为我们并无不凡之事需要掩藏，所以才在细枝末节之处显露了太多真实的自我。日常琐碎之事，也可与哲学或诗歌的最高境界等量齐观，同样堪为民族理想的注疏。正如对葡萄酒的不同偏好，体现出了欧洲不同时代和不同国家的独特风格，茶道理想也反映出东方文化的不同情调。用来煎茶的茶饼，用作点茶的茶末，以及撮泡饮用的茶叶，分别展现出中国唐代、宋代及明代所特有的情感脉动。在此，且让我们借用已经被过分滥用的艺术分类术语，将它们划分为茶的古典派、浪漫派及自然派。

原生长于中国南部的茶树，在很早之前就为

① 语出《论语·为政》："视其所以，观其所由，察其所安。人焉廋哉？人焉廋哉？"意为："考察他的所作所为，查看他的过往经历，观察他的兴趣所在。这样，人怎么还可能隐瞒什么呢？"

中国的植物学界与医药学界所熟知。在各类经典中，茶也被称为荼、蔎、荈、槚、茗，因其可解乏，可明目，可愉悦身心，亦可增强意志，故世人对其评价甚高。茶不仅可以内服，还可制成膏状外敷，用来缓解风湿疼痛。道士们宣称茶是炼制不老仙丹的重要配料，而僧侣们则经年累月地饮茶，以保证其有长时间打坐的精力。

到公元四五世纪之时，茶已经成为长江流域居民最喜爱的饮品。也正是在这个时期，现代的“茶”字被创造出来，显然此字是对古书中“荼”字的讹用。南朝诗人曾留下一些断编残简，表达了对这“流玉之沫”的狂热崇拜。当时的皇帝也常将名贵茶叶赏赐给位高权重的大臣，作为对其功勋的褒奖。然而，在那个时代，饮茶的方法还相当粗陋。叶子蒸过后，用石臼捣碾，制成茶饼，和米、姜、盐、陈皮、香料、牛奶等配料一同煎煮，有时甚至还会放入大葱。如今中国的藏族人及不少蒙古部族还保留着这种饮制方法，他们用这些配料制出味道奇特的茶汤。从东方商队的客栈里学会饮茶的俄国人，其在茶中加入柠檬片的举动，正是这种古老饮法的证明。

将茶从粗陋的状态中解放出来，并将其带入最终的理想之境，还需要唐代的一位天才人物。公元8世纪中期，一位名为陆羽的人的出现使我们有了第一位茶道信徒。他生于儒、释、道三教寻求共存共生的时代。在那个时代，泛神论的象征意义促使人们找寻存于万物之中的共性。诗人陆羽，在茶道中瞥见了统驭万物的和谐与秩序。在其著名作品《茶经》（茶之圣经）当中，他系统地制定了茶道准则。自那时起，陆羽便被尊奉为中国茶商的守护神。

《茶经》共计三卷十章。在第一章中，陆羽介绍了茶树的特点，第二章描述的是采茶工具，第三章则是讲选茶。根据他的观点，品质最好的茶叶必须“如胡人靴者，蹙缩然；犎牛臆者，廉襜然；浮云出山者，轮菌然；轻飚拂水者，涵澹然；有如陶家之子，罗膏土以水澄泚之；又如新治地者，遇暴雨流潦之所经”。[①]

第四章列举并描述了茶器中的24件器皿，从“三足风炉”开始，到盛放所有茶具的竹制“都篮”结束。从其字里行间之中，我们能够看到陆羽对道教符号的偏爱。此外，有趣的是，在此书中还可以看出茶对中国瓷器的影响。众所周知，瓷器起源于对玉石温润光泽的模仿重现，到了唐代，发展出南方的青瓷，以及北方的白瓷。陆羽认为，青色是茶器的理想色彩，因其可为茶汤添

---

① 原文引自陆羽《茶经》第三章，其意为：有的像胡人的靴子褶皱蹙缩；有的像野牛胸肩上突起的肉；有的像侧面墙壁上悬挂的帷帐；有的像浮云出山卷曲；有的像清风吹拂的水面微波荡漾；有的像陶工筛出的陶泥，用水澄清后，细润光滑；有的像新开垦的土地，遇到大雨冲刷，形成了条条沟壑。

上一抹碧色，而白瓷却会使茶汤的色泽略显桃红色，令人倒胃口。陆羽这样说，盖因当时所用为茶饼之故。之后，宋代茶师使用茶末泡茶，就偏爱青黑色或深褐色茶碗。而流行撮泡法的明代，则喜用薄胎白瓷。

第五章中，陆羽描述了茶的泡制方法。他主张摒弃除盐以外的所有配料。此外，过去人们讨论最多的用水选择及水温问题，也是本章的重点。据陆羽所言，以水质优劣来论，山泉水最优，河水及井水次之。烹水有三个阶段：水面起小泡，“沸如鱼目”者为一沸；水面小泡如“涌泉连珠”，为二沸；壶中沸水如“腾波鼓浪”者，为三沸。将茶饼置于火上炙烤，至其柔软如“婴儿之臂”，再以纸囊盛装，然后碾碎。一沸之时加入盐，二沸放入茶末。到三沸之时，壶中加入一瓢冷水止沸，以育“水之华”。然后将茶汤倾入茶碗中，饮之。天霖甘露当如是！轻细的茶末浮于茶汤之上，如鳞云飘于晴朗天空，又如睡莲浮于微漾碧波。正是这碗茶汤让唐代诗人卢仝[①]留下了这样的诗句：

一碗喉吻润，两碗破孤闷。
三碗搜枯肠，唯有文字五千卷。
四碗发轻汗，平生不平事，尽向毛孔散。
七碗吃不得也，唯觉两腋习习清风生。
蓬莱山，在何处？
玉川子，乘此清风欲归去。

《茶经》余下章节论及普通饮茶方法的粗陋之处，罗列了历史上喜爱饮茶的名人，介绍了中国著名的产茶之地，说明了制茶饮茶之法中可能的变化，并绘制了涉及茶之道的各种相关器具。只可惜的是，最后一章节已遗失，无处寻觅。

① 卢仝（约795—835），唐代诗人，被后世尊称为“茶仙”。

《茶经》的问世，在当时，想必是引起了极大的轰动。陆羽成了唐代宗（763—779年在位）[①]的座上宾，其显赫的名声吸引了大批追随者。据说，一些擅于品茶之人能分辨出所喝之茶，是由陆羽亲手所泡制，还是出自其徒弟之手。也有某官员因不识茶圣亲治之茶，而“名垂千古”的故事。[②]

到了宋代，点茶盛行，茶的第二个流派就此创立。茶叶被放入小石磨中研成细末，在备好的茶末中加入沸水，再用细竹丝精制而成的竹筅[③]搅拌击拂。新的饮法为陆羽时代所流传下来的器

---

① 作者对唐代宗的在位时间描述有误，实为762—779年在位。

② 该官员指李季卿，故事出自唐朝封演的《封氏闻见记》，其中记载御史大夫李季卿宣慰江南，听闻陆羽能茶，遂请之。陆羽“身衣野服，随茶具而入”，而“李公心鄙之，茶毕，命奴子取钱三十文酬煎茶博士。”

③ 竹筅又称“茶筅”，是点茶的专用工具。

具带来了改变，与此同时，对茶叶的选择也发生了变化。盐彻底退出了茶道的历史舞台。宋人对茶的热情从无止境。茶之饕客之间彼此竞争，不断发掘新的饮法，还定期举办斗茶比赛一较高下。那位治国无能，但艺术才情颇高的宋徽宗（1101—1124年在位），曾不惜重金，只为购得稀有的茶叶。他还写过一篇专著，论及二十种茶，这其中，“白茶”被其赞为茶中精品，无与伦比。①

宋代的茶之理想与唐代不同，正如二者所代表的不同生命理念。唐代志在象征，而宋代则力求真实。对于宋代理学而言，天理并非借由大

① 《大观茶论》原名《茶论》，为宋徽宗赵佶所著的关于茶的专论，因成书于大观元年（1107年），故后人称之为《大观茶论》。全书共二十篇，对北宋时期蒸青团茶的产地、采制、烹试、品质、斗茶风尚等进行了详细的记述。该著作并非如文中所说“论及二十种茶”，而应是论及了茶的二十个方面。

千世界体现，大千世界实则为天理本身。永恒即为刹那时，涅槃总在咫尺间。“不朽存于恒变”的道家理念充斥于他们的思想之中。妙趣横生的乃是过程，而非行为。最为重要的是实现圆满的过程，而非圆满本身。这样一来，人与自然之间再无隔阂。生活的艺术产生了新的意义。从这时起，茶不再是诗意的消遣，而成为自我实现的方法。王禹偁[①]曾赞颂茶为：“沃心同直谏，苦口类嘉言。”苏东坡也曾说过，茶自有冰清玉洁之姿，犹如品德端正之人，可抗衡腐败堕落。至于佛教徒中，南方的禅宗吸纳了众多道家仪轨，建立起一套繁复考究的茶道仪式。僧侣们齐聚于达摩祖师像前，依循隆重的仪式，用同一茶碗轮流饮茶，气氛庄严而肃穆。禅宗的这项仪式，最终在15世纪发展成为日本的茶道。

① 王禹偁（954—1001），北宋诗人、散文家、史学家。

不幸的是，13世纪，蒙古部族的势力突然扩张，以铁血之姿征服了中国，在异族的残暴统治下，宋代的文化成果损毁殆尽。到了汉族正统统治的明代，虽然于15世纪中期出现了复兴中华之志向，但却为内政所苦，于17世纪再度落入外族满人的统治之下。礼仪风俗一变再变，再无前朝之迹可寻。茶之事已然被世人所遗忘。我们发现，对于某宋代典籍中所提到的茶筅，一位明代评论家倍感困惑，不知其形。时至今日，我们都是将茶叶放入茶碗或茶杯中，然后用沸水冲泡饮用。西方世界对早先的饮茶之法一无所知，究其原因，是由于欧洲世界直到明朝建立前不久，才认识了茶。

对当代中国人[①]来说，茶只是一种滋味上佳的饮品，无关理想。持续不断的国难早已夺走了

① 本书写于1906年，此处应指近代中国人。

他们探索生命意义的热情。他们变得更现代了，也就是说，变得老成又现实了。他们失掉了年轻人特有的豪情壮志，而正是这种豪情能永葆诗人与先贤的青春与活力。他们兼容并蓄，礼貌地接纳宇宙规则。他们游戏于大自然间，却不愿屈尊去征服或膜拜它。他们手上的那盏茶依旧醇香醉人，散发出花一般的香气，然而茶盏之中却再也寻觅不到唐宋茶道的浪漫之情了。

曾亦步亦趋紧随中国文明脚步的日本，也经历过茶道发展的三个阶段。根据史书所载，早在公元729年，就有圣武天皇①在奈良皇宫赐茶于百名僧众的记录。那时的茶叶极有可能是遣唐使从

① 圣武天皇为文武天皇的长子，本名首皇子，是日本奈良时代的第四十五代天皇，于724—749年在位。圣武天皇在位期间，天灾人祸不断，但他处理得宜，并未造成大的社会动乱。又因圣武天皇笃信佛教，积极营建佛寺，努力学习大唐的先进文化知识，圣武天皇在位期间出现了天平文化（或称“奈良文化”）盛景。

中国带入日本，且其饮用之法也依循当时的流行方式。公元801年，最澄禅师[①]从中国带回一些茶树种子，并将其种于比睿山[②]。此后数百年间，日本出现了不少茶园茶庄，饮茶成了风靡贵族和僧侣阶级的一项乐事。1191年，赴中国学习南禅佛法的荣西禅师[③]，将宋茶带回了日本。他所带回的新茶种，在三个地方种植成功，其中一处位于京都附近的宇治，该地所出产的茶叶，至今仍以其绝佳的品质闻名于世。南宗禅学在日本迅速传播，与此同时，宋朝的饮茶礼仪和饮茶理念也随之流传开来。到了15世纪，在幕府将军足利义

① 最澄禅师（767—822），日本高僧，天台宗之鼻祖。

② 比睿山别称天台山，日本七高山之一。

③ 荣西禅师（1141—1215），日本临济宗的初祖。建历元年（1211年），荣西撰写了《吃茶养生记》一书。建保二年（1215年），荣西献上二月茶，治愈了源实朝将军的热病，自此茶风更为盛行。

政[1]的扶持下，茶道仪式完全建立起来，并成为一项独立的、非宗教性质的活动。自此，茶道在日本正式确立。中国稍晚些时候出现的泡茶之法，相比较而言，对于日本人来说也是较新的饮茶方式，这种泡茶之法直到17世纪中叶才为日本人所知。尽管在日常饮用上，茶叶取代了茶末，但是，茶末作为茶中之茶，仍固守其在日本茶道中的地位。

在日本茶道中，我们得以见识到茶道理想的极致。1281年，日本成功抵御了蒙古的入侵[2]，这使受到游牧民族侵略，在中国本土遭到扼杀的宋代文明，能够在日本的土地上继续发展下去。对日本人而言，茶不仅仅是一种理想的饮品，它已

---

① 足利义政（1436—1490），室町幕府第八代将军，第六代将军足利义教之子。他风流倜傥，爱好艺术，常庇护艺术者与文化人。

② 历史上蒙古皇帝忽必烈曾经在1274年和1281年两次派军东征日本，而这两次东征均以失败告终。

然成为探索生命艺术的信仰。茶，寄托了人们对纯净与高雅的顶礼膜拜，并成了一项神圣的仪式，在这项仪式中，宾主携手共同创造出俗世间至高的祝福。在生命的荒漠中，茶室是一隅绿洲，疲倦的旅人聚集于此，共饮艺术的甘泉。茶会就是一场即兴演出，茶、花、画一起织就当下的剧情。色彩不能有违茶室的色调，声响不可破坏行事的节奏，姿势不能扰乱整体的和谐，言语不可破坏环境的统一；一举一动务求简单自然——这正是茶道仪式的目标。出人意料的是，这项目标总能如愿达成。茶道背后隐藏着玄妙的哲理。茶道即道家的化身。

第三章 道与禅

茶与禅的关系深远，这一点众所周知。前文已提到，茶道仪式发展自禅宗仪式，道家始祖老子之名亦与茶史紧密相连。涉及风俗习惯与起源的中国启蒙典籍上写到，为客人奉茶的礼仪源自于著名的老子高徒关尹[①]，在老子出函谷关之时，他为这位“老哲人”奉上了一杯金色的长生不老汤药。对于这样的传说，我们无需考证其真伪，毕竟，类似的传说可以证实，道家在很早之前就有了饮茶的传统，这一点才是最具价值的。我们

① 关尹，春秋（一说战国）时人，为早期道家代表人物之一。

对于道教与禅宗的兴趣，主要在于其关于生命与艺术的理念，这些理念在我们所说的茶道中得到了淋漓尽致的体现。

遗憾的是，尽管我们确实有一些值得称赞的译作，但是道教与禅宗的教义仍未能以任何外语形式准确地表达出来。

翻译永远无法达到完全的忠实，正如明代一位作家所言，再好的翻译也只能是一幅织锦的背面——每条丝线固然都在，但其色彩与设计的精妙尽失。[①]毕竟，真正伟大的教义从来都是难以言说的。古圣先贤的教诲从来都不是严谨且有序的。他们所云皆为似是而非的隽语，因为他们恐其所言沦为片面真理。交谈伊始，他们所言都似

① 该句应出自宋人释赞宁的《宋高僧传》：“翻也者，如翻锦绮，背面俱花，但其花有左右不同耳。”此处作者说是明代，所述有误。

痴傻之言，然待其言毕，却能使听者茅塞顿开。老子就以其一贯的幽默感说道：“下士闻道，大笑之。不笑不足以为道。”

就其字面之意，“道”即“路径”。此字还曾被译为“正途”“绝对”“法则”“自然”“至理”“典范”。这些译语都没有错，因为道家之人会根据不同的探询主题，而赋予“道”不同的意义。老子亦如此述之：“有物混成，先天地生。寂兮寥兮，独立不改，周行而不殆，可以为天下母。吾不知其名，字之曰‘道’，强为之名曰‘大’，大曰逝，逝曰远，远曰反。”[①]这里的“道”意思是“在路途上”，而非“路径”。它是宇宙变化的精神——是无尽地成长，它归返于自身，以生成新的形态。它盘身成龙——这是道家最爱的图腾；它又如浮云，

① 语出《道德经》第二十五章。

有云卷云舒之态。道或许可被称为“大易”。主观地讲，道是宇宙之心。道的绝对即相对。

首先，我们应当铭记的是：道教，正如其正统的后继者禅宗一样，代表着中国南方的个人主义思潮的倾向，它与北方儒教的集体主义思潮全然不同。中国的国土疆域之大，可与欧洲媲美，两大江河横贯其中，风土人情迥然不同。长江与黄河就如地中海与波罗的海。尽管已经统一了好几个世纪，但时至今日，南北两地的思想与信仰仍存在着差异，就如同拉丁民族与条顿民族[①]一样。在古代，人与人之间的交流远不如现代这样便捷，尤其是在封建社会时期，这种思想上的差异最为显著。一个地域的艺术与诗歌所成长的土

---

① 条顿人（Teuton）是古代日耳曼人中的一个分支，公元前4世纪时大致分布在易北河下游的沿海地带，后来逐步和日耳曼其他民族融合，后世常以条顿人泛指日耳曼人及其后裔。

壤，与另一地域截然不同。在老子及其追随者身上，在长江流域自然诗派的先驱——屈原身上，我们能够发现一种理想主义，它与同时期的北方文人那乏味的道德观念无法相容。附带一提，老子所处的时代要早于基督五个世纪。

道家思想的萌芽早在老子出现之前就已存在。老子，姓李名耳，字聃，其思想在中国许多古代文献中，尤其是《易经》中，都可觅得端倪。然而，公元前16世纪周朝建立以后[①]，对中国古代文明中的律法与风俗的尊崇达到了极致，这使个人主义思想的发展在很长一段时间内受到抑制，直到周朝分崩离析，无数独立小国纷纷建立，个人主义才得以在自由思想的沃土上绚烂绽放。老子及庄子都来自中国南方，且同为新思潮中最伟大的领导者。另一方面，孔子与其众多弟

① 周朝建于公元前11世纪，并非公元前16世纪，此处应为作者误述。

子则力图保持古代传统。可以这样说，一个人倘若不了解儒家思想，便无法理解道家的思想，反之亦是如此。

前文曾提到过，道的绝对即相对。在伦理道德方面，律法及社会道德准则受到了道士们的斥责，因为在他们看来，善恶是非只是相对的。下定义其实就是设下了限制——“固定”与“不变”表达的只是成长过程的暂时停歇。屈原曾说：“圣人不凝滞于物，而能与世推移。”我们道德标准的产生是源于过去社会的需要，但是，难道社会总是一成不变的吗？遵循共同的传统，必然需要个人不断地牺牲自我，顾全大局。为了迷惑众人，令其皆入这道德礼教之彀，教育所培养出的都是无知之人。这种教育只要求人们循规蹈矩，而并不教导真正的美德为何。我们太过在意他人的目光，以至于走上了歧途。良心之所以需要细心呵护，是因为我们不敢对他人吐露真言；我们之所以藏匿于虚名之下，是因为我们不敢让自己坦然面对事实。若世界如此荒谬，我们又如何报之以严肃！看那无处不在的交易！荣誉！贞洁！看那洋洋得意的推销员，兜售着善良和真理。甚至连我们所说的信仰，也可用金钱买卖；信仰本就是普通的道德规范，只是用鲜花和颂歌装点出了些许神圣的气息罢了。把教堂里的装饰统统拿掉之后，还能剩下什么？然而，宗教却以惊人的态势繁荣发展，那是因为它的“收费”异常低廉——一次祈祷就能获得一张通往天国的门票，一份文件就能证明我本良民。快快藏起自己的锋芒吧，因为，若你的用途为世人所知，马上就会被公开拍卖，落入最高出价人之手。为什么这世间的男男女女如此喜欢推销自己？莫非这是一种源于奴隶时代的本能？

道家思想的生命力，不仅体现在它对后世思想运动的支配能力，更体现在它突破当时主流思想体系所展现出的力量。秦朝实现了大一统，同时也是中国被西方称为“China”之名的由来，其统治时代也是道家力量极为活跃的时期。若我们花点时间研究一下道家对当时的思想家、数学家、法家、军事家、阴阳家、炼金术士，以及后来长江流域的自然派诗人的影响，想必也是饶有趣味之事。我们不能忽略那些思考“真实”之人，他们会思索白马的真实存在是因其色，抑或是因其形；我们也不能忽视六朝的清谈之士，他们如禅宗弟子一般，醉心于“净”与“玄”的探讨。最重要的是，我们应当向道家致敬，因为它为中国人民族性格的形成作出了诸多的贡献，使其拥有了“温润如玉”的优雅与自制力。纵观中国历史，无论是王公贵族，还是山野隐士，道教的信徒们都恪守着道家信条，从而引发了各式各样妙趣横生的故事。这些故事里充满了意味深长的奇闻轶事、寓言故事和名言警句，无一不兼具教育性与娱乐性。我们很高兴能与故事中的皇帝侃侃而谈，而他从不会逝去，因他从未存在。我们可随着列子御风而行，感受到的却是绝对的宁静，因为我们自己就是风；我们也可与河上公[①]遨游于祥云之中，他居于天与地之间，因为他既不属于天，也不归于地。尽管现今中国的道教已然走偏，不复本来面目，但是我们仍能尽享其中丰富的想象力，这一点远非其他宗教所能企及。

然而，对亚洲人的生活来说，道家的主要贡献还在于美学领域。中国的历史学家总是把道教称为“处世之道”，因为它所应对的就是当下——我们自身。正是在自身之中，融合了“神性”与“本性”，分隔了过去与未来。“当下”是永不停息的“无限”，是“相对”的合理之所。“相对”寻求“调适”；而“调适”即“艺术”。生活的艺术，便在于对周围环境的不断调

① 河上公，亦称为河上丈人、河上真人，是齐地琅琊一带方士，黄老哲学的集大成者。

适。不同于儒家及佛教，道家对世俗尘世全盘接纳，试图在充满痛苦与烦恼的世界中寻找真正的美。宋时有三圣饮醋[1]的故事，形象地说明了儒、释、道三种教义的不同倾向。释迦牟尼、孔子、老子围站在一缸醋前——醋象征着生活，三人各自用手指蘸醋品尝。实事求是的孔子言酸，释迦牟尼称苦，而老子则说甜。

道家主张，若人人团结一致，人生之戏将更为意趣盎然。维持万物平衡，为人坚定自身立场，同时为他人留有余地，这些正是这场凡尘俗世之大戏的成功秘诀之所在。对于这场大戏，我们必须有着全面的了解，才能演好自己的角色；

---

① 该故事描绘了这样的场景：儒、释、道三圣围着一大醋缸，各自伸指点醋而尝，三人表情各不相同，儒家以为酸，佛教以为苦，道家以为甜。作解为：儒家以人生为酸，须以教化自正其形；佛教以人生为苦，一生之中皆是痛楚；道家则以人生为甜，认为人生本质美好，只是世人心智未开，自寻烦恼。

考虑自身的同时，切不可失了总体性概念。老子用其最喜爱的“无”之暗喻，阐释了这一点。他认为，真正的本质只存在于“无”之中。例如，一间房屋的真实在于屋顶和四面墙壁所围出的空间，而不在于屋顶和墙壁本身。水壶的有用之处存在于可盛水的空间，而不在于水壶的形状和材质。“无”，无所不能，皆因其可包容万物。只有在“无”中，运动才成为可能。一个人需做到虚怀若谷、包容万物，才能成为万事万物的主宰。整体总是能主宰局部的。

这些道家思想对我们所有的行为理论都产生了极大的影响，甚至包括剑术与相扑。日本的自卫防御之术——柔术，就是得名自《道德经》中的某一篇章。柔术是指遇敌不躁，以虚静之心，即“无”，来引敌之先手，耗尽其力，与此同时，留存自身气力，以在最终对决中取得胜利。在艺术中，暗示手法所表现出的价值，也证明了

“无”之原则的重要性。正是因为作品中留有这样的未尽言之意，才使观赏者获得了补全作品意念的机会，因此，一件旷世之作必然有着令人无法抗拒的魅力，吸引着你的注意力，直到你似乎真的成了作品的一部分。“无”的空间就在那里，任由你出入，并能将自己的全部美学情感放入其中。

一个人若能掌握生命艺术的精髓，便是道家所说的“真人”。对于这样的人来说，生于人世间乃是入了梦，死亡才是从梦中清醒，回到现实。他收敛锋芒，为的是融入浑浑噩噩的众人之中。这样的人，“豫焉若冬涉川，犹兮若畏四邻，俨兮其若客，涣兮若冰之将释，敦兮其若朴，旷兮其若谷，混兮其若浊。”[①]对于他来说，人生的三大珍宝即为“慈”“俭”与“不敢为天

① 语出老子的《道德经》第十五章。

下先”。[①]

若现在，我们把注意力转向禅宗，我们会发现它强调了道家理念。“禅”之名来自于梵语的“禅那”（Dhyana），其意为冥想静思。禅宗主张，借由静坐观想，可证得自身的无上大道。禅定是成佛悟道的六度之一，禅宗一脉坚信，释迦牟尼在其晚期的教化中，特别强调禅定，并将修行之法传给了他的大弟子迦叶。依据这个传统，禅宗初祖迦叶将此秘法传给二祖阿难，阿难又将其传给下一位继承者，如此代代相传，一直传到第二十八代菩提达摩。公元6世纪上半叶，菩提达摩来到中国北方，成为中国禅宗的创始人。关于历代祖师及其理念，已无确切的历史记载。从其

① 语出老子的《道德经》第六十七章，原文为：“我有三宝，持而保之：一曰慈，二曰俭，三曰不敢为天下先。慈故能勇；俭故能广；不敢为天下先，故能成器长。”

哲学角度来看，一方面，早期禅宗与龙树[1]的印度否定论有着密切的关系；另一方面，他又与商羯罗[2]建立的智慧哲学息息相关。为今人所熟知的禅宗首条教义，是由中国禅宗第六代祖师慧能（637年—713年）所传。此外，慧能还是南禅的创立者，因该宗派盛行于中国南部地区，故以“南禅”名之。紧随慧能之后，马祖道一大师继续弘扬禅宗教义，使其影响力渗入了中国人的日常生活之中。其弟子百丈怀海（719年—814年），创立了第一个禅寺，并为其管理建立起一整套仪式和规矩。在讨论马祖禅师时代之后的禅宗流派时，我们发现，相较于原有的印度式理想主义，长江流域的思想对当地人思维模式的形成起到了重要的作用。在流派对立下，无论各家的说法如

① 龙树，即龙树菩萨，又译龙猛、龙胜，在印度佛教史上被誉为“第二代释迦”。

② 商羯罗是印度中世纪最大的经院哲学家，吠檀多不二论的著名理论家。

何不同，我们都无法忽略南禅教义与老子和道教清谈派教义之间的相似之处。《道德经》中早就提到了凝神静气的重要性，以及调节呼吸吐纳的必要性——这些都是坐禅的要点。对《道德经》的绝佳注疏中，也有不少是出自禅宗学者之手。

禅宗和道家一样，也崇拜“相对性”。曾有一位禅师将“禅”定义为一种艺术，一种“于南天之下体会北斗星”的艺术。只有洞彻了对立双方，才能获知真理。此外，禅宗也极为倡导个人主义，这一点也与道家不谋而合。所有无关乎我们心灵活动的，皆为虚妄。有一次，六祖慧能遇到了两位僧人，二人正看着塔上的经幡在风中飘扬。其中一人说：“风吹幡动。”另一人说：“幡动而知风吹。”慧能禅师为其解释说：“非风动，非幡动，仁者心动。”类似的故事还有，一日百丈怀海与弟子行走在林中，一只野兔被他们惊动，慌忙逃了开去。百丈大师问其弟子：

“野兔为何见你即逃？”弟子回答说：“因为它怕我。”大师说：“非也。它逃，是因为你有杀戮的天性。”这段对话让人想起了关于庄子的一个故事。一日，庄子与友人行走于河堤之上。庄子曰：“儵鱼出游从容，是鱼之乐也。”友人对之曰：“子非鱼，安知鱼之乐？”庄子曰：“子非我，安知我不知鱼之乐？”

禅宗思想常与正统佛门戒律发生冲突，就如道家与儒家之间的相互抵触。对于禅宗的超凡见解而言，文字只会禁锢思想；而佛教的所有经文典籍，其实也都是个人的主观臆测。禅宗弟子所追求的，是能够直接与万物的内在本质进行亲密交流，至于事物的外在，只是彻悟真理的障碍而已。出于对“抽象”的热爱，禅宗更喜爱黑白素描，而非传统佛教那种精心勾画的工笔彩绘。有些禅宗弟子甚至打破旧习，主张从其自身去发掘佛性，而不去考虑佛像及佛像的象征意义。某个冬日里，一位名叫丹霞的禅师，把庙里的木质佛像劈了用来取火。旁边的人见了惊呼道：“你怎么可以这样亵渎神明！”丹霞气定神闲地回答说：“我想烧出舍利子呀。”对方生气地说：“木佛怎么能烧得出舍利子！”丹霞说：“既然烧不出舍利子，那它就不是佛。何来亵渎之有？”言毕，他顾自就着火堆取暖去了。

禅对东方思想的特殊贡献，是将俗世的重要性与精神境界的重要性等同起来。禅宗认为，从同理关系的角度来看，万物并无大小之别，一沙亦可为一世界。追求圆满之人，必能在其生命中发现灵魂所映射出的光芒。在这一点上，禅宗的体制有着不同寻常的意义。除住持外，每一位僧人都要承担寺里相应的内勤庶务。而更让外人难以理解的是，小沙弥所承担的工作一般比较清闲，而最德高望重的僧人却要做最脏最累的活儿。这些日常事务是禅宗丛林清规的一部分，哪怕是最不起眼的小事，也必须做到绝对的尽善尽美。这样一来，许多举足轻重的禅辩，便在清除着杂草、削着萝卜皮或沏茶奉茶的过程中展开了。禅宗能从生活中的细微之处得见大道，而茶道的整个理念正是其结果。道教奠定了美学理想的基础，而禅宗则将这一理想付诸了实践。

第四章
茶室

对于一直以砖石结构为传统的欧洲建筑师来说，日本人用木头、青竹搭建出的房屋，似乎并不具有更多的价值。直到最近，才有一位研究西方建筑的学者，开始认同日本雄伟的寺院建筑，并赞扬其完美的姿态。对于日本最经典的建筑尚且如此，我们也就不指望一个外来者能够领略到茶室那细腻的含蓄之美了，毕竟茶室在建筑理念与装饰风格方面，与西方建筑截然不同。

茶室（Sukiya），看上去就是一个农家小院——一间草庵，我们也是这样称呼它的。

“Sukiya”一词为日本的表意符号，其本意为“梦幻之所”。后来，许多茶道大师根据自己对茶室的不同理解，加入了一些中国元素，这样一来，Sukiya也可表达“空之所”或“不全之所”的意思。它被称为“梦幻之所”，是因为它是我们用来盛载一时的诗情画意之所；被称为“空之所”，是因为茶室内所放置的物品，均是为了满足当时的审美需要，除此之外别无他物；而被称为“不全之所”，则是因为它对不完美的崇拜，刻意留下一些未竟之处，让想象力来补足。自16世纪开始，日本的建筑就深受茶道理想的影响，以至于现在很多日本普通建筑的室内装饰风格，都极其简洁朴素，在外国人看来，可以说是到了单调沉闷的地步了。

第一间独立茶室的创建人是千宗易，也就是

广为后人所知的千利休[①]，他堪称茶道大师中的大师。16世纪时，在丰臣秀吉的支持和资助下，他制订出一套完整的茶道仪式流程，并使其臻于完美。在此之前，茶室的基本格局，已经由16世纪的知名茶道大师绍鸥[②]确定了下来。早期的茶室，仅是在客厅处用屏风隔出一小块区域，供饮茶待客之用。这样的隔间被称为“围室”，这个名称直到现在仍在使用，用于指室内非独立建造的茶室。至于作为独立建筑的数寄屋[③]，则包括茶室本身、水屋、玄关以及庭径。茶室设计成只能容纳五人的空间，正印证了那句“比美惠女神多，较

---

① 千利休（1522—1591），日本著名的茶道宗师，人称“茶圣”。他从小爱好茶道，17岁拜北向道陈为师，不久后向武野绍鸥学习寂茶。他广为世人所熟知的“利休”之名，是1585年由天皇所赐，在此之前，他对外一直用本名“千宗易”。

② 武野绍鸥（1502—1555），茶坛名人之一。武野绍鸥既是千利休的老师，也是日本茶道创始人之一。

③ 数寄屋，日式建筑，多为茶室，常用“数寄”分割空间，惯于将木质构件涂刷成黝黑色，并在障壁上绘水墨画，意境古朴高雅。

缪思女神少”[1]。水屋，是在茶会开始之前，清洗和整理茶具之所；玄关，则是在等待主人邀请进入茶室之前，宾客休息等待的地方；至于庭径，则连接着玄关与茶室。茶室的外观可以说是其貌不扬，它的大小甚至不及日本最普通的住宅，但是其建造用的材料则试图表现出一种高洁的清贫之意。然而我们切不可忘记，所有这一切都是艺术构思的深思熟虑，此外，对茶室细节之处所花费的心力，或许更甚于建造一座富丽堂皇的宫殿或寺院。一间理想的茶室，其造价甚至高于一座普通宅邸，因为从建材选择到建筑施工，皆要求良工苦心、精益求精。实际上，被茶道大师所选中的那些木匠，在其行业中形成了最为出色且备受尊崇的阶层，其作品的精美程度毫不逊色于那

① 美惠女神有三位，分别为：代表光辉的阿格莱亚、代表快乐的欧佛洛绪涅、代表鲜花盛放的塔利亚。缪斯女神则是希腊神话中，对掌管诗词、歌曲、舞蹈、历史等女神的称呼，一共有九位。

些出自漆器工匠之手的精品。

茶室不仅有别于西方的建筑，即便与日本本国的经典建筑相比，也大不相同。日本古老而宏伟的建筑，无论是殿堂宅邸还是神社庙宇，其建筑规模都不可小觑。那些历经数个世纪，从火灾中幸存下来的少数建筑，其宏伟庄严与富丽堂皇仍能让我们心生敬畏。直径近1米，高达10米之多的巨大木质廊柱，通过结构复杂精妙的斗拱支架，支撑起在屋顶的重压下嘎吱作响的横梁。这种建筑材料和建筑模式虽不利于防火，但却足够牢固，能抵御地震，也能适应本地的气候条件。法隆寺[①]的金堂与药师寺[②]的佛塔，都能证明木质建筑的坚固耐久性。这些建筑已经完好无损地

① 位于日本奈良，据传建于607年，寺内保存有大量文物，金堂为寺内的分建筑。

② 位于日本奈良，建于680年，为奈良古建筑群的一部分。

伫立了近12个世纪之久。这些古老的庙宇和宫殿的内部装潢，都是极尽奢华。在建于公元10世纪的宇治凤凰堂①内，我们仍可以看到精美绝伦的穹顶和贴着金箔的华盖，满目流光溢彩，明镜和珠贝镶嵌其中，还有曾覆满墙面的残存画作和雕刻。从年代稍晚的建筑上，如日光城②和京都二条城③，我们能够看到，建筑的结构之美被掩盖在繁复的装饰之下，这些装饰在色彩与精美的细节之处，都足以媲美最为绚丽的阿拉伯或摩尔式建筑。

茶室的简朴与纯粹源自于对禅寺的效法。与佛教其他教派不同，禅宗寺庙仅供众僧侣居住使用。禅堂不是供人参拜朝觐之地，而是禅宗弟

---

① 指平等院凤凰堂，位于日本京都宇治。

② 日光位于日本关东北部地区，当地有许多古建筑。

③ 二条城建于1603年，由德川家康下令建造，是幕府将军在京都的住所。

子们聚集在一起，进行禅辩和打坐的学堂。堂内开阔，除了设在供台后面的中央神龛外，别无他物。神龛上供奉着禅宗祖师菩提达摩，或者是释迦牟尼及其随侍迦叶与阿难的雕塑，此二人也是禅宗早期的禅师。供台上摆放着供养的鲜花与香烛，以纪念这些圣人对禅宗所作的卓越贡献。我们已经说过，僧侣们齐聚于达摩祖师像前，从同一茶碗中依次饮茶的仪式，是由禅宗所创立，也正是这个仪式为茶道的仪式奠定了基础。在这里可以附带一提的是，壁龛的原型正是禅宗佛堂的供台。壁龛是日本房间内最为尊贵之处，常以字画和鲜花装点，以供客人陶冶情操之用。

每一位伟大的茶道大师都是禅宗弟子，他们尝试将禅的精神引入到现实生活中来。因此，茶室以及茶道仪式中所用到的器具，皆反映了一定的禅宗思想。正统茶室的规格为四叠半榻榻米的大小，大约三平方米，该规定源自《维摩诘经》[①]中的一段。在这部妙趣横生的作品中提到，维摩诘正是在这样大小的一个房间内，接待了文殊菩萨以及佛陀的八万四千个弟子。这则寓言故事正是基于这样的理论——对于拥有大智慧大境界的人来说，空间即“空”。而连接玄关与茶室的庭径，则象征着禅定的第一个阶段——通往明心见性之路。庭径意在打破与外部世界的关联，并营造出一种清新的意境，以助来者能够全然享受蕴含于茶室本身的唯美。踏上庭径，迈入常青树摇曳的树影中，走在乱中有序的碎石小道上，小道石缝中还散落着干枯的松针，从覆满青苔的石灯笼旁穿行而过，你会感受到灵魂的升华，而世俗的纷扰皆被抛却在外，这是一种无人能忘却的感受。即便身处闹市，也感觉心在森林之中，远离了城市的尘埃与喧嚣。在营造“静”与“净”之

① 《维摩诘经》是大乘佛教的早期经典之一，因此经的主人公为维摩诘居士，故而得名。

意境时，茶道大师们总是匠心独运。此外，茶师们在穿越庭径之时所产生的心境，也各不相同。一些茶师意在追求全然的清寂，如千利休，他们认为建造庭径的秘诀就在这首古代的小曲儿中：

> 江浦茅舍秋夕佳，纵无红叶亦无花。[①]

而另一些茶师，如小堀远州[②]，追求的则是另一番境界。远州认为庭径的理念蕴藏在如下的诗句中：

> 夏夜望海远，茂林眺月晦。

---

① 此曲来自镰仓前期的歌者藤原定家。

② 小堀远州（1579—1647），又名小堀政一，是继千利休和古田织部之后最具代表性的茶道大师之一，也是“远州流”的创始人。他自幼多才多艺，是出色的诗人、歌人、书法家。小堀远州对日本的茶道和园艺都产生了深远的影响。

小堀的心思并不难猜。他意欲创造出一种意境：刚刚清醒的灵魂，一方面还在旧日之梦的阴影里徘徊，另一方面又于半梦半醒间沐浴在柔和的精神之光中，憧憬着彼岸那广袤空间中的自由自在。

宾客们经过了庭径的心灵洗礼和沉淀，平心静气地来到门前，武士们则会把配剑留在檐下的剑架上，此时，茶室就是超然物外的和平之所。客人们弯腰膝行，穿过一道不足三尺高的矮门。不分职位高低，不分身份贵贱，所有客人皆须如此，这样的安排意在教人谦卑。在玄关休息等待之时，入座次序便已商定完毕，主人相请后，客人们便安静地依次进入，进去后须先向壁龛中所悬挂的字画或放置的鲜花行礼致敬。直到客人全部落座，窸窣之音消失，只闻铁壶煮水之声时，主人才会现身茶室。煮水的壶中会放入几枚铁片，于碰撞之间奏响奇异的旋律，怡然成乐。其声如奔雷之声，隐隐回响于云间；如海浪拍石，激起碎浪散若冰花；如暴雨滂沱，席卷细密竹林；亦如远方山丘，松涛阵阵。

即使是在白日里，茶室也是幽暗的，因为低矮倾斜的屋檐只容薄光射入。室内的色彩从天花板到地面，皆为素雅色调，而宾客的着装也需经过慎重选择，不可与室内色调相斥。茶室内的所有器具都带着岁月沉淀下来的醇熟，所有新的东西都禁止出现在茶室之内，除了簇新的竹制茶筅和洁白的麻质茶巾，与周围事物形成对比。无论茶室与茶具看起来如何陈旧，但绝对是干净无比的。即便是最隐蔽的角落，也是纤尘不染的，若存在哪怕是一粒灰尘，主人便不够资格被冠以茶师之名。作为一名茶师，最基本的要求就是知道如何掸扫和清洗，因为清扫也是一门艺术。在打理珍贵的金器古玩时，绝不可像热切又莽撞的荷兰主妇那般。而从花瓶上滴落的清水则不需抹去，因为它带着露珠的清爽凉意。

从这儿可以联想到一个关于利休的故事，这个故事很好地说明了在茶师心中，何为洁净。一次，利休看着儿子绍安清扫刷洗庭径。当绍安打扫完毕，利休却说："不够干净。"并要求他重新做一次。又经过了一小时的辛苦清扫，绍安对利休说："父亲大人，已经没有什么可做的了。石阶洗了三次，石灯和树木都洒过了水，苔藓和地衣都闪耀着新绿；地上干干净净，没留一枝一叶。""蠢蛋！"利休斥责道："庭径不是这么扫的！"说着，他迈入庭中，抓住一棵树摇动，刹那间，金红二色的叶子如秋日织锦的碎片，飘落满园。可见，利休之所欲，并非是徒有洁净，还要兼具美感与自然。

"梦幻之所"之名，暗示着茶室的设计是为了满足个体的艺术需求。是茶师造就了茶室，而非茶室成就茶师。茶室并非为流传千古，因而只是昙花一现。“人人皆应有自己的茶室”，这个观点正是源自日本的古代习俗。神道教有个迷信的要求，即屋主人去世后，每个房间都必须腾空。这其中或许有不为人所知的卫生方面的原因。另一项古老的习俗是，必须为新婚夫妇盖一所新房居住。正是因为这个缘故，我们能够看到，古代的帝都经常从一个地方迁到另一个地方。伊势神宫，这个供奉着天照大神[①]的最高神社，每二十年就要重建一次，这正是古代风俗延续至今的一个例证。然而要遵循这样的习俗，建筑物必须得是传统的木质结构才行——易拆，也易建。加入了砖石材料的建筑更为耐用，但对常常迁徙的人来说并不适用，然而，自奈良时代以后，中国那种更为稳固庞大的木结构建筑在日本也得到了广泛使用，实际上迁都的传统也基本消

① 天照大神，是日本神话中的太阳女神，她被奉为日本天皇的始祖，也是神道教的最高神。

失了。

15世纪之时，禅宗的个人主义思想成为主流，然而，古老的观念却因与茶室密切关联，从而酝酿出了更深刻的意义。禅宗，秉承了佛教中“诸色如梦幻泡影”的看法，以形而上的修行目标要求自身，他们认为房屋不过是暂时的栖身之所。就连我们的身体，也不过是荒野上的一座茅屋，它用周围野生的杂草捆束而成，脆弱不堪——若终有一天散落开来，又会再次回归荒野。茶室以茅草屋顶暗示着万物易逝，以纤细支柱透露出羸弱本性，以竹制撑架表现出个体轻微，以平凡的材质言明不以为意。永恒只存于精神之中，而精神那优雅高尚的微光却投射在周围这些简单之物上，一切都那么的妙不可言。

茶室应当依据茶师的个人品位来建造，这遵循的是艺术中的生命力原则。艺术，若要得到充分的欣赏，必须贴近当下的生活。这并非是说我们无需考虑后来人的观感，而是说我们更应该着眼于当下。这也并非是说我们要漠视过去的创造，而是说我们应当试着将前人的成果融入我们的感知。对传统和固定程式的盲从，束缚了建筑中个性的表现。而当今的日本国土上，满目都是对西方建筑毫无意义的模仿，这真是让人哀叹不已。而令我们诧异的是，即便在西方那些最先进的国家中，建筑也总是一再重复陈旧的式样，毫无创新。或许我们正在经历艺术的民主化时代，我们等待着能有某位卓越大师出现，并建立起一个新的时代。但愿我们对前人能有更多的敬爱，更少的抄袭！据说，希腊人民之所以伟大，就是因为他们从不照抄古人的东西。

“空之所”这样的称呼，除了传达道教“无所不包”的理念外，还涉及一个理念，即茶室中的装饰需要持续不断地变化。除了为满足某种审美情绪的临时装点外，茶室是绝对的“空之所”。有时，出于需要，会放置某个特定的艺术品，此外，茶室里的一切都是为了增强茶会主题的美感，而刻意挑选出来并精心摆放的。就像任何人不可能同时聆听两种不同的乐曲一样，只有专注于某一个中心主题时，才有可能真正体会到美。我们可以明显地看到，西方的室内装饰如同一间博物馆的陈列室，而日本的则恰恰相反。日本人已经习惯了用简单的饰物不断变换摆设方式的装饰方法，而西方的室内永远都塞满了各种画作、雕像和古董，这种室内装饰风格带给人一种庸俗的印象。对于艺术的传世之作，哪怕只是其中的一幅作品，都需要我们有强大的鉴赏能力，才能欣赏其源源不断的魅力，由此可见，欧美人士的艺术感受力必定是无穷无尽、深不可测的，否则他们又如何能日复一日地在诸多艺术作品的形色光影中安稳度日呢？

“不全之所”的叫法暗示了日本装饰设计的另一个阶段。西方的评论家常常谈及，日本的艺术作品中缺乏对称性。此种审美趣味源于禅道两家理念的影响。儒家根深蒂固的二元性①，北传佛教对“三世佛”②的崇拜，都是不违背对称性的表现。事实上，若是对中国古代的铜器，或者中国唐代及日本奈良时代的宗教艺术做一番研究，我们便能发现“对称性”是它们一贯的追求。日本的经典室内装饰，其设计显然也遵循这样的规律。然而，道禅两家对于完美的概念与上述看法全然不同。道与禅本质上更注重追求完美的过程，而非完美本身。只有当一个人能够在心灵中把世间的不完美变得完美之时，他才能发现真正的美。生命与艺术的蓬勃生机，源自于它们向完美发展的可能性。在茶室中，这种可能性都

---

① 原文为：Confucianism, with its deep-seated idea of dualism。

② 大乘佛教的主要崇敬对象。

留给了宾客，由他们自行想象，去完善自己所认同的完美效果。自从禅宗思想成为当时的主流思想后，远东地区的艺术创作就刻意避开了“对称性”，因为“对称”表达出的不仅是圆满，还有重复。设计上的千篇一律，会戕害想象力的生机。因此，人们所偏爱的绘画主题，乃是花鸟风景，而非人物形象，因为后者在于观看者本身，无须于画中再现。可是我们总喜欢引人注意，抛开虚荣心不谈，即便是我们的自尊自爱也变得单调到令人厌倦。

在茶室中，害怕造成重复的心思随处可见。用来布置房间的各样物品，必须精挑细选，颜色及设计皆不可重复。若摆了鲜花，那么所挂的画作中就不可再有花；若选用了圆壶，则盛水器皿就要有棱有角；若茶杯是黑色釉彩，则不可配之以黑色茶罐。在壁龛上放置花瓶和香炉时，切记不可将其放置于正中央，以免它把空间分隔成相等的两半。壁龛的支柱必须使用和其他柱子不同的木料，以打破任何可能出现在房间内的单调性。

这又是日本与西方在内部装饰方法上的不同之处，在后者的装饰风格中，我们总能看到各种物件对称地摆放在壁炉上或室内各处。因此，在西方人的家中，我们的目光所及之处，常常是些多余又无谓的重复。当我们试着和主人谈话时，他本人的等身画像却在其身后紧盯着我们。我们会很纳闷，到底哪一个才是真实的？是画中那位，抑或是正在讲话的那位？同时，我们的心里还会冒出一个莫名其妙却万分肯定的念头：二者之中，必有一个为假。有很多次，我们坐在宴席上，注视着四面墙上琳琅满目的陈列品，思索着它们所代表的意义，往往还带着不欲为人知的消化不良之感。纵然画作之中，果蔬和鱼儿都刻画得栩栩如生，但为何要以被我们采集追捕、戏弄狩猎的牺牲品为主题？为何要展示家传的盘碟餐具，这让我们不由想起，是哪位已经去世的祖宗先人，也曾经在此地以这些餐具用餐？

简单朴素与超凡脱俗，让茶室远离尘嚣，成为真正的世外桃源。身在此处，也只有身在此处，人们才可以不受打扰，尽情沉浸在对美的仰慕之中。16世纪时，许多勇猛的战士和政治家投入到日本的统一和重建之中，而茶室给予了他们一处温馨的休憩之所。到了17世纪，德川幕府颁布了严苛的律法和社会规范，茶室成为唯一一个可以自由交流艺术精神的场所。在伟大的艺术作品面前，不分大名、武士和庶民百姓。当今社会，工业化生产大行其道，而真正的精工细作却愈益困难，整个世界都无处幸免。相比较而言，现在的我们难道不是更需要一间茶室吗？

第五章 艺术鉴赏

你是否听闻过“伯牙驯琴”的道家传说？

在中国的太古时代，龙门峡谷内耸立着一棵古桐树，此树是名副其实的树中之王。其梢直上九天，可与星辰对话；其根深入地下，直抵沉睡的银龙，根须如铜线，与龙髯交错盘结。后有法术高强之神人，将此树制成一张绝世好琴，琴内有灵，桀骜不驯，非当世无匹之琴师不能驯服也。长久以来，中国帝王一直将其视为珍宝，众多琴师尝试用它演奏，但一切努力皆是枉然。纵使琴师竭尽全力拨动了琴弦，所发出的也只是刺耳的声音，似在嘲弄，又似有不屑，不屑与琴师所唱之乐曲应和。它拒绝认主。

终于，琴门圣手伯牙来到它的面前。他轻抚琴身，如在试图安抚野马，而后便柔柔地触动琴弦。伯牙开口吟唱自然四季、高山流水，唤醒了神木所有的记忆！春天的甜美气息再度弥漫于枝杈之间。溪流汇成瀑布，飞落于山涧，向着含苞待放的花朵发出悦耳的笑声。倏忽之间，夏日的柔声细语响于耳畔，那是夏虫在鸣唱，雨声在嘀嗒，杜鹃在轻啼。听！有虎长啸，啸声回荡在山间。一转眼入了秋，萧萧夜幕中，结霜的草叶上反射着凛冽如剑的月华。再之后，便是寒冬降临，空中大雪纷扬，鸿雁盘旋于其间；冰雹自空中落下，敲击在枝干之上，发出喜悦的脆响。

而后，伯牙曲调一转，唱出了款款深情。森林之中，树木摇曳，如同迷离恍惚的痴情人。

高空之上，雪白的云朵似矜持的少女飘然掠过天际，唯见地上留下长长的阴影，绝望般幽暗。曲调再次变化，伯牙唱起了战歌，刀光剑影，战马嘶鸣。紧随其后，又闻来自龙门峡谷的风暴之声，银龙腾云驾雾，云雾内电闪雷鸣，有崩天裂地之势。曲毕，皇帝龙心大悦，问其驯琴秘诀。“陛下，”伯牙答道：“其他琴师只唱自己，自然无法成功，而伯牙却顺从古琴之意。事实上，伯牙自己也完全分不清，究竟是琴为伯牙，抑或伯牙为琴。”

这则故事道出了艺术鉴赏的奥秘。杰出的艺术作品像是一曲交响乐，在我们最细腻的心弦上弹奏。真正的艺术是伯牙，而我们就是那张龙门古琴。来自于美的充满神秘力量的触碰，唤醒了我们内心深藏的心弦，我们颤抖着，怀着满心的狂喜，回应着它的触碰。同心合意，心有灵犀。可闻未语之言，可见未现之形。大师所奏响的音符，我们闻所未闻，但它却能唤醒我们尘封已久的记忆，并赋予新的意义。被恐惧扼杀的希望，那你我不敢承认的渴望，以全新的荣耀昂然而立。我们的心灵就是艺术家尽情挥洒的画布，斑斓的色彩是我们的情感，明暗的光影则是我们的快乐与悲伤。这幅杰作就是我们自己，因为我们就是这世间的杰作。

感同身受是艺术鉴赏的必备条件，必须以相互礼让为基础。观赏者必须培养正确的心态，来接收作品所传达的讯息，正如艺术家必须知晓，如何才能将作品的讯息传达出来。身为大名的茶道大师小堀远州，给我们留下了这样的隽语："近画如面圣。"若要理解一件杰作，必须放低姿态，哪怕是只言片语，也要屏息凝神，躬身以待。宋代一位著名的评论家曾说过这样一段饶有趣味的自白："年少轻狂时，余赞赏大师因欣赏其画；随年岁渐长，功力渐深后，余始赞赏自己，因余知大师妙笔于何处生花。”然令人遗憾的是，我们之中鲜少有人愿意耗费心力，去研究大师们的情感心绪。因为固执愚昧，我们不愿报以这简单的敬意，也正因如此，我们常常错失摆在我们面前的美之飨宴。大师所赐颇丰，然而我们却因缺少鉴赏能力，只落得个饥肠辘辘的下场。

若能够感同身受，一件杰出的作品就是一个真实的所在，它让我们沉浸其中，并与艺术家产生亲密的羁绊。大师们的永生不朽，在于其爱恨情仇能一直活在你我心中。真正打动我们的，是他们的灵魂而非双手，是他们的风采而非技艺——他们的呼唤越是直指人心，我们的回应则越会发自内心。正是因为我们与大师之间这种心照不宣的默契，才使我们与诗歌或故事中的男女主人公同悲同喜。被称为“日本的莎士比亚”的剧作家近松[1]认为，剧本创作的一个首要原则便是，要将观众带入作者的隐秘世界。有一次，他的学生交给他几篇剧本习作，希望得到老师的认可，但是其中只有一篇打动了他。这篇作品的情节类似莎剧的《错中错》，讲述了一对双胞胎兄弟因为身份的错认而受尽磨难的故事。近松对此剧的评论是："这才是戏剧应具备的精神，因为它将观众带入了作者的隐秘世界。台下的观众知道的要比台上的演员还要多才行。观众们知道事情的问题出在何处，并且同情故事中的那些人物角色，因为那些人物角色对自己的命运一无所知，却只能一头扎入其中，任由摆布。"

无论是在东方还是西方，伟大的艺术家们都从未忘记在其作品中使用暗示手法，以将观众带入作者的隐秘世界。每一件杰出的作品，都能

① 近松门左卫门（1653—1725），简称近松，日本戏剧作家的代表人物。

带领我们领略到其中所蕴藏的波澜壮阔，因此，在面对这样伟大的作品之时，又有谁能不满怀敬畏？大师们的作品，是如此的熟悉亲切、贴近人心，相比之下，陈腐平庸的现代作品是多么的冷漠疏远！前者能为人心注入一股暖流，而后者只是一种疏离的客套。现代的艺术家们过分执着于技巧，而无法超越自我。就像不能唤醒龙门古琴的琴师们，唱的只是自己的曲子。这种作品或许更贴近技巧，但也更缺乏人性情怀。日本有句古话：女人万万不可爱上虚荣自负的男人，因为他们的心中没有哪怕是一丝的缝隙来容纳爱情。这种虚荣自负在艺术中也同样致命，它会戕害艺术家和观众感同身受的能力。

不同的灵魂在艺术中彼此交融，没有什么比这更神圣的了。在心灵交汇的那一刻，热爱艺术的人超越了自我。那一刻，他在，亦不在。惊鸿一瞥间，他看见了永恒，但是言语无法道出他内心的喜悦，因双眼所见无法全然用言语形容。灵魂从物质世界的桎梏中解放出来，随着万物的节奏律动。正是如此，艺术近乎宗教，它使人类变得更为崇高。从这个意义上讲，杰出的艺术作品也是神圣之物。古时的日本人对伟大艺术家的作品极为尊崇。茶师们保护着自己收藏的珍贵艺术品，就像保护着宗教圣物一般，通常要打开层层相套的箱盒，才能触到存放宝物的圣地，轻柔的丝绸包裹着的便是那至圣的宝物。这类宝物轻易不示于人，也唯有受邀之人，才可有幸一见。

茶道全盛时期，太阁手下的将领们得胜归来论功行赏时，相比大片的封地，一件稀有的艺术珍品会令他们更为满意。而许多深受日本民众喜爱的剧作，都是基于艺术珍品失而复得的情节而进行的创作。譬如，有一出剧是这样的：在大领主细川的府邸，保存着一幅雪村周继的名画《达摩》。一日，由于守卫武士的疏忽，府邸发生了大火灾。闯了祸的武士决心不顾一切危险，也要抢救出这幅珍贵的画作。他冲进火场，拿到卷轴，却发现所有的出口都被熊熊燃烧的大火封死了。此时他心里只想着要保护好这幅画，于是就用佩刀在自己身上划开一道长长的口子，他撕下衣袖把画轴裹好，然后将其塞进伤口里。火终于灭了，在冒着缕缕黑烟的余烬中，躺着他残存的尸体，而尸体中的那幅画轴却毫发无伤。这听起来令人毛骨悚然的故事，除了刻画出武士的忠诚与奉献精神，更表现出了日本民族对艺术杰作是何等的珍而重之。

然而，我们必须谨记，艺术的价值，只有在我们认真聆听之时，方能显现。若人人都能做到感同身受，那么艺术就会成为人人都能理解的事物。我们有限的天资，传统与习俗的束缚，以及我们沿袭传统的本能倾向，都限制了我们鉴赏艺术的能力范围。在某种意义上，正是我们的个体意识限制了我们对艺术的领悟；而我们也总是倾向于在过往的创造之中，寻找符合自己审美趣味的作品。的确，经过一定的培养之后，我们对艺术的鉴赏能力可以得到提升，从而使我们有能力去欣赏更多的美，欣赏那些迄今还未被发掘出来的美。然而，在大千世界里，我们眼中所见之物，终究只是我们自己的影像——因为我们自身的特质决定了我们感知世界的视角。茶道大师们在收集艺术藏品时，也俨然依循着自己的审美品位。

这一点让我又想起一则关于小堀远州的故事。远州的弟子们曾夸赞师父，说他在艺术品收藏方面有着绝佳的品位。弟子感叹说："这些藏品，件件都让人爱不释手，这说明老师您的品位比利休更高啊，因为能欣赏利休藏品的人，一千个人里面能有一个就不错了。"而远州听到这话却颇为伤感，他说："这不过证明了我是多么平庸啊！伟大的利休能够独爱自己欣赏的作品，而我却下意识地迎合了大众的品位。说真的，利休实在是千里挑一的茶道大师啊！”

当今世人对艺术依然抱有极大的热情，这一点显而易见，然而在这份热情中，却有很大一部分并无真实的情感基础，这着实令人扼腕叹息。在我们这个民主的时代，凡是大众认可的精品，人们必闻风响应，全然无视内心的感受。他们追求的是昂贵，而非别致；他们需要的是时尚，而非优雅。对大多数人来说，他们假意欣赏文艺复兴时期或足利时代的艺术大家，然而更让他们津津乐道的，是那些工业生产线上所生产的“高级货”，那些花花绿绿、印着图片的杂志，对他们来说是更好消化的艺术食粮。在他们看来，艺术家的名号远比艺术作品本身更加重要。正如几个世纪以前，一位中国评论家所说的：“世人贵耳不贵目，呜呼此画空尔妍。”[①]正是缺乏真正的鉴赏能力，才使得伪经典肆虐于世，无论身处何处，触目所及皆令人胆战心惊。

艺术鉴赏中常犯的另一个错误，就是将艺术与考古混为一谈。崇古是人性中最优秀的特质之一，我们也应该将其发扬光大。那些古代的大师们理应得到尊崇，因为他们开辟了通往未来智慧的道路。他们经受住了经年累月的批评，带着荣耀的光环，毫发无损地来到你我面前，光是这件事实本身，就足以赢得我们的敬重。但若仅凭年代久远与否来评价大师们的成就，那就真是太过愚昧了。然而事实上，我们却总是任由自己的历史情怀，凌驾于个人的审美判断之上。若艺术家寿终正寝，安眠于地下，我们就会献上花束，以示赞许。19世纪孕育了进化论，它让我们丧失

① 此句出自宋代赵汝绩的《陈老画牛》。

了对物种中个体的关注，并对此习以为常。收藏家们只关心是否能收集到足够的作品，以构成能代表整个时代或流派的收藏，然而他们却忘了，真正的大师杰作，只需一件就能带给我们更多的启示，远胜于某一特定时代或流派的那些平庸之作。我们的分类做得太多，欣赏的却太少。为了所谓的科学展示方法，我们牺牲了对艺术之美的欣赏，而这已成为众多美术馆的顿弊之源。

在人生的各个方面都不可忽视当代艺术所提出的主张。真正属于我们自身的艺术就是当下的艺术：它是我们自身的倒影。诋毁它，就是在诋毁我们自己。我们常说这个时代不存在艺术，然而，谁又该为此负责呢？尽管我们狂热地崇拜着古人，但是我们对自己所应承担的责任却毫不关心，这实在是件可耻的事情。艺术家们苦苦奋斗，他们虚弱的灵魂徘徊在冰冷且充满蔑视的阴影之中！在我们这个自负的时代，我们又有什么灵感给予他们？我们的文明是如此的贫瘠，古人若能看到，或许会替我们感到悲哀；而未来之人若能看到，必定会嘲笑我们的艺术是如此的荒芜。我们正在摧毁生活中的美。但愿那位伟大的神人能再次出现，并以社会的枝干造出巨琴一张，好让天才之士叩响琴弦，弹奏出美妙的乐章。

第六章
花

春日拂晓，天光乍明还暗，林间鸟儿啾唧，曲调带着神秘韵律，难道你不觉得它们是在和伴侣诉说着花儿的故事吗？确实，对于人类而言，花儿可与情诗类同。花儿无意间绽放的甜蜜温情，和静默中散发的芬芳馥郁，还有什么能比这更容易让人想到少女情窦初开时的那抹纯纯的娇羞？原始时代的人第一次向心爱的少女献上花环之时，他就超越了野蛮状态。而这种超越了原始兽性的举动，使其成为真正的人类。当领悟到这无用之物的妙处之时，他便踏入了艺术的领域。

无论快乐还是悲伤，花儿是我们永远的朋友。我们唱歌跳舞、吃喝玩乐之时，它都陪伴你我左右。婚礼洗礼要有它，治丧哀悼也离不开它。敬奉神灵时，百合相伴；冥想打坐时，莲花相随；就连冲锋陷阵时，我们也要别上玫瑰和香菊。我们甚至用花儿的语言来表达自己的想法。没有了它们，我们怎么能活得下去？一个没有花儿的世界，光是想想就让人不寒而栗。对于久卧病榻之人，有什么慰藉是花儿给不了的呢？它们就像一道圣光，穿透黑暗，照亮了虚弱的灵魂。它们的温柔，明澈而安宁，让我们重拾对世界逐渐失去的信心，正如纯真的孩童那无邪的目光，唤起了我们原已失去的希冀。而当我们终归于尘土，也只有它们流连在我们的坟前默默哀悼。

然而可悲的是，尽管常与花儿相伴，我们却仍未远离兽性，这是无法遮掩的事实。一旦撕下羊皮外衣，隐匿在我们内心的恶狼就会露出它尖利的獠牙。人们曾说：人，十岁性如野兽，二十岁无知疯狂，三十岁一事无成，四十岁坑蒙拐骗，五十岁罪孽缠身。或许，人最终罪孽缠身的原因，正是因为其一直隐藏的兽性。对于人类而言，没有什么比饥饿更真实，也没有什么比欲望更神圣。在我们眼前，神殿一座接一座崩塌，唯有一座圣坛永远屹立不倒，在那里，我们焚香膜拜那至尊之神——我们自己。此神卓绝千古，金钱是其使徒！为了向它献祭，我们践踏自然。我们吹嘘自己征服了物质世界，却忘了正是物质在奴役我们。我们打着文明与进步的旗号，犯下了多少残暴的行径！！

请告诉我，柔美的花儿啊，当你如星之泪一般散落在园中，向着歌颂阳光雨露的蜜蜂点头致意之时，可曾察觉到厄运就在不远处等待着你？此时此刻，就请你尽情地摇曳在夏日柔和的微风中吧，放飞梦想，尽情嬉戏。因为明天，就会有一只无情的手，扼住你的咽喉。你会被折断，被撕碎，被带离这片宁静的家园。那位残害你的女人，说不定也有着花容月貌。她或许会一边赞美着你的美丽，一边却继续让你的血沾染上她的手指。告诉我，这真的是喜爱吗？你的命运或许是被囚禁在某个无情女子的发间，或者是塞在某个女人的衣襟上，若你是个男人，她甚至都不敢看你一眼。你的命运更有可能是被禁锢于某个狭小的瓶中，你只能汲取瓶中的死水，徒劳地想要缓解那预示着死亡来临的强烈干渴。

花儿啊，若你身处日本，还有可能碰上一个更加可怕的人，在他的身上，剪刀小锯装备齐全。他自称为“花道大师”，认为自己和医生一样，你会出自本能地讨厌他，因为你知道，医生总是会想方设法延长患者的病痛。他会把你切断、拧弯，逼你摆出原本不可能做到的姿势，还认为这才是你该有的样子。他会扭转你的肌肉，错开你的骨头，举手投足间就像个骨科大夫。他会用烧红的火炭帮你止血，把铁丝插入你体内来助你循环。他给你规定的饮食尽是些盐、醋、明矾之类的东西，有时还有硫酸。在你被折磨得快要昏厥之时，滚烫的热水就会浇在你的脚上让你清醒过来。他会洋洋得意地说，正是因为他的治疗，你才又能多活了两三周。难道你不觉得，与其如此，还不如当初落入其手之时，便一死了之呢？你上辈子究竟是造了什么孽，才使得现在遭这个罪？

比起东方花道大师对待花儿的方式，西方社会那种肆无忌惮的浪费更是骇人听闻。在欧洲与美洲，每日被采摘下来装点舞会与宴会，而隔日就被抛弃的花朵不计其数；若把这些花朵捆扎起来，足可以做成一个覆盖整个大陆的花环。与这种对生命的全然漠视相比较起来，日本花道大师的罪过倒显得微不足道了。至少后者还知道尊重自然的节制，在深思熟虑之后才会选定牺牲者，并对其死后的残骸致以敬意。在西方，花卉展示似乎是炫耀财富的一种方式——短暂而绚烂的时刻。而当盛宴结束之后，这些花儿去了哪里？看着这些凋零的花朵，被毫无怜惜地扔在粪堆之上，没有什么比这更让人唏嘘不已的了。

明明生得如此娇艳，却又为何如此薄命？纵然如虫豸之微，也有叮咬之能；而最为温顺的动物，在绝境之中也能放手一搏。鸟儿的羽毛美丽，可做帽饰，因而受到猎人的追捕，然而它有双翅，可以逃离追踪之人；动物的毛皮柔软漂亮，受到人们的觊觎，然而它可以在人们靠近之时，匿去自己的踪迹。唉！花儿中唯一拥有翅膀的，只有像花儿一样的蝴蝶，而其余的花儿只能在破坏者面前，无助地站立着。就算它们曾在临终之时痛苦悲鸣，那呼号之声也绝对入不了我们无情的双耳。对于这些爱着我们、默默为我们付出的花儿，我们总是残忍以对，但是终有一天，我们的残忍会让这些最好的朋友抛弃我们。你难道未曾注意，野花正在逐年减少？想必是它们之中的智者对它们说，暂时离开吧，等人类变得更有人性的时候再回来。或许它们已经迁往天堂了。

对耕夫花匠，我们总有溢美之词。与那些手持剪刀之人比较起来，那些拿着盆罐之人更具仁爱之心。每当看到他对阳光雨露的关心，他与病虫之害的斗争，他对冰冻霜降的忧惧，他对芽苞长势缓慢的担心，以及他看到枝繁叶茂的兴高采烈，彼时彼刻我们都有欣欣然之感。在东方世界，花卉栽培艺术由来已久，诗人对花木的喜爱之情，以及诗人情有独钟的花木，常常出现在故事与诗词之中。随着唐宋陶瓷技艺的发展，出现了堪称逸品的栽种植物的容器，这已非花盆瓦罐，而是镶金嵌玉的宫殿。每株花草都有专人随侍在侧，用兔毫软刷清洗每一枚叶片。有书记载，牡丹须由盛装打扮的美貌侍女为其梳洗，而冬梅则应由苍白纤瘦的僧人为其浇灌。[1]在日本，有一首谱写于足利时代的能乐[2]《钵木》备受欢迎，故事讲述了一位落魄潦倒的武士，因为没有生火的材料，于是将自己珍爱的花木砍作柴火，在冰冷的寒夜里为一位游僧生火取暖。这位游僧正是北条时赖[3]，他就像日本版《一千零一夜》的主角，而这位武士的付出最终也获得了回报。时至今日，这部能乐仍能让东京观众热泪盈眶。

古代的人们对娇弱的花朵极尽呵护之能事。

---

① 此句原文应是出自袁宏道的《瓶史》，其原句为："浴梅宜隐士，浴海棠宜韵致客，浴牡丹芍药宜靓妆妙女，浴榴宜艳婢，浴木樨宜清慧儿，浴莲花宜娇媚妾，浴菊宜好古而奇者，浴蜡梅宜清瘦僧。"

② 日本民间传统的艺术形式，由"能"和"狂言"两部分组成。

③ 北条时赖（1227—1263），日本镰仓幕府第五代执权者。

唐玄宗曾命人在花园树木的枝杈上挂满小小的金铃，用以驱赶鸟儿。这位皇帝还亲率宫廷乐师，在春日里弹奏丝竹管弦，用轻柔的乐音取悦满园春花。还有一块木牌，相传出自日本英雄义经[①]之手，他相当于是日本的亚瑟王[②]，这块木牌至今仍保存在日本的一座寺庙之中。这块木牌是为了保护一株极品梅树而专门设立的，它之所以吸引我们，是因为它具有尚武时代那种冷酷的幽默。木牌上的铭文先是描述了梅花之美，文后写道："折一枝，断一指。"但愿今日也能有这样的律法，以惩处那些肆意攀折花木，以及焚琴煮鹤之徒！

然而，即便将花儿栽种在钵盆之中，我们也不禁会认为，这仍旧是人类的私心所致。为何要

① 指源义经（1159—1189），平安时代末期的武士，日本最受欢迎的英雄之一。

② 亚瑟王是传说中英国中世纪的英雄人物。

将花草带离它们的家园，还要求它们在全然陌生的环境里绽放？这不就像是把鸟儿囚禁于笼中，却还要求它们歌唱求偶一样？谁又知道，你那温室里的兰花，在人为制造的热度中，会不会只觉窒息压抑，又会不会渴望再看一眼南国家乡的天空？

真正的爱花之人，是那些亲赴花儿原本的栖息地之人，如陶渊明，坐在破旧的竹篱前，与野菊娓娓相谈。或如林和靖[1]，在黄昏时分，徜徉在暗香浮动的西湖梅林间，浑然忘我。[2]传说周茂叔[3]夜宿于小舟，以期潜入水中莲花之梦中。出于相似的爱花之情，日本奈良时期最著名的光明皇

---

① 林和靖，原名林逋（967—1028），字君复，后人称为“和靖先生”，北宋著名隐逸诗人。

② 作者在原注中表示，此句源自林逋的《山园小梅》：“疏影横斜水清浅，暗香浮动月黄昏。”

③ 周敦颐（1017—1073），字茂叔，号濂溪，著名文学家、哲学家，宋明理学的鼻祖。

后[1]这样唱道：

摘汝者我手，受辱者汝身，

嗟哉花者，且立丛间，

三世之佛，爱汝之生。

然而，我们也不必为赋新词强说愁。让我们少一点奢华，多一点高尚。老子曰："天地不仁。"弘法大师[2]有言："生生生生暗生始，死死死死冥死终。"变化是唯一永恒之物——为什么我们不能像欢迎生命一样，去迎接死亡？生与死其实是一体两面——如梵天的昼与夜。旧事物的崩溃瓦解，才使再创造成为可能。我们曾崇拜过死亡，崇拜这位有着诸多名号、无情又仁慈的女

① 光明皇后（701—760），圣武天皇的皇后。

② 弘法大师，法名空海（774—835），日本真言宗的开山祖师，在日本享有盛誉。

神。拜火教[①]教徒们所参拜的是火焰中那吞噬一切的阴影。而时至今日神道教[②]仍俯身跪拜的是那冰冷纯粹的剑魂。神秘之火消弭了我们的软弱，神圣之剑劈开了欲望的枷锁。从肉身遗留的灰烬之中，代表天国希冀的凤凰涅槃重生；而紧随自由之后到来的，是对人性更深刻的领悟。

如此看来，倘若真能以此演化出新的形式来提高世界的境界，辣手摧花又有何妨？我们只不过是恳请它们加入我们，和我们一起为美牺牲。我们会把自己献祭于“纯”与“简”，以弥补我们的行为之失。这也正是茶道大师创建花道的始末缘由。

---

① 指琐罗亚斯德教，是基督教诞生之前在中东最有影响力的宗教。

② 简称“神道”，是日本大和民族和琉球族的本土宗教。

但凡熟悉茶道与花道大师行事风格之人，必定会注意到他们对待花木时，所抱有的那种宗教似的虔诚。他们不会随心所欲地采摘，而是根据心中已有的艺术构思，一花一枝，仔细挑选。若无意间剪多了哪怕是一枝，他们也会深感惭愧。在这方面，我们还注意到，若花枝有叶，大师们则会保留完整的枝叶，因其目的在于展现植物完整的生命之美。在这一点上，和其他许多方面一样，东方国家的做法与西方世界截然不同。在西方，我们看到的总是花瓶中胡乱插着的孤零零的花茎，有花无叶，就像一个个没有躯干的头颅。

当茶道大师把花儿整理成自己满意的模样后，会将其摆放在茶室的壁龛处，这是日本房间中的尊贵之地。此外，除非是出于美的需要，而特意要求与他物进行组合，这个用花儿做成的艺术品周围不可再有其他摆设，甚至是一幅画也不可有，以免破坏它本身的效果。它就像一个接受加冕的皇子静候在壁龛，每一位客人或弟子在进入茶室时，都要先向它深深鞠躬行礼，然后才能开口与主人说话。对于这些花儿做成的艺术品，会有人将其中的精品杰作绘制出版，以供业余爱好者学习，并接受熏陶。这类有关茶道花艺的著作数目之多，可谓是汗牛充栋。当花朵枯萎凋零，茶师们会温柔地将其放入河流之中，或是小心地将其埋入地下，有时还会为其竖碑以示纪念。

插花艺术大约与茶道同时诞生于15世纪。相传，当时的佛门高僧出于对众生的无限悲悯，把在暴风雨中散落一地的花收集起来，插入放了水的瓶中，于是便形成了历史上第一件插花作品。足利义政时代伟大的画家及鉴赏家——相阿弥[①]，

① 相阿弥，室町后期画家、艺术评论家，以及茶道、香道及插花艺术大师，日本美术史上的杰出人物。

是最早专于此道之人。茶道大师珠光[①]，以及池坊的创立者专应[②]，二人皆师从相阿弥。池坊之于花艺界，就相当于狩野派[③]之于绘画界，这是一个杰出又辉煌的流派。16世纪后期，利休之后，茶道仪式不断完善，花艺创作也得到了充分的发展。利休及其后继者，如著名的织田有乐[④]、古田织部[⑤]、光悦[⑥]、小堀远州及片桐石州[⑦]，都争相探求插花艺术中的创新组合形式。然而，我们必须

---

① 村田珠光（1423—1502），日本茶道的“开山之祖”。

② 池坊是日本最为古老的插花流派，约始于形成于15世纪中后期。池坊专应确立了生花的基本形式，是池坊派重要的代表人物。

③ 狩野派是日本绘画史上最大的画派，流行于15~19世纪。

④ 即织田长益（1547—1621），安土桃山时代至江户初期的大名与茶人。

⑤ 即古田重然（1544—1615），千利休之后最享盛誉的茶人。

⑥ 即本阿弥光悦（1558—1637），江户时代的艺术家，在茶道、陶艺等领域都有很高造诣。

⑦ 片桐石州（1605—1673），著名茶人，他制定了武家茶道的规范《石州三百条》，开创了茶道石州流。

谨记，茶师们对花的敬仰只是其审美定式的一部分，其本身并非是一个独立的信仰。插花，如同茶室中的其他艺术作品一样，必须符合茶室的整体装饰风格。因此，石洲曾创下这样的规定：若庭内有雪，则不可以白梅为饰。“喧闹嘈杂”的花必须要被无情地逐出茶室。茶师所做的插花作品，一旦搬离原本设定的位置，便会失去意义，因其线条与比例都是刻意设计的，以便与周围环境和谐统一。

近17世纪中叶时，随着“花道大师”的兴起，花道便成为一门独立的艺术。如今，花道已不再依赖于茶室，除了容器的限制之外，再无其他束缚。这使新的插花理念与方法有了更大的发展空间，由此产生了众多的理论与流派。18世纪中叶，有位作家曾提及，他所知道的插花流派有百种之多。一般说来，插花艺术有两个主要分支：形式派与写实派。形式派以池坊为首，旨在追求古典理想主义，这一点与绘画领域狩野派的目标相一致。从现存的记录中我们得知，早期形式派大师的插花作品，几乎可以将山雪[①]或常信[②]的花卉画作原样呈现出来。另一方面，写实派是忠实地临摹自然，只有在为了达到艺术表现的和谐统一时，才会对表现形式进行适当地修正。这也是为什么我们能够在观赏其作品时，体会到那种悸动，那种在观赏浮世绘[③]与四条派[④]绘画作品时所产生的悸动。

若时间充裕，大可更深入地研究一下这个时期，各花道大师所定下的构图原则与细节规范，以及其所表现出的基本理论，这些理论主导了德

---

① 狩野山雪（1589—1651），江户时期画家。

② 狩野常信（1630—1713），江户时期画家，狩野派的一代宗师。

③ 日本风俗画、版画，起源于17世纪。

④ 四条派是由居住于京都四条的松村吴春（1752—1811）所创立的画派，该流派在幕府末期和明治时代的京都画坛上都具有举足轻重的地位。

川幕府时代的装饰艺术，此番探究想必也十分有趣。我们可以发现，这其中涉及主要原则（天时）、次要原则（地利）和协调原则（人和），任何插花作品，若不能体现这些原则，将会被认为是空洞乏味、死气沉沉的作品。在细细思量花卉处理的方式时，也要考虑三个不同的方面，即正式、半正式及非正式。第一种呈现的是花儿的雍容华贵，如同出席舞会的盛装打扮；第二种则呈现出花儿的清丽优雅，如同午后休闲所穿着的洋装；第三种呈现的是慵懒撩人，如同香闺里随意穿着的衣衫。

比起花道大师之作，茶道大师的插花作品更能引起我们的共鸣。它是精心设计的艺术，因其真实地贴近生命本质而能触动人心。相对于写实派与形式派，我们可以称其为自然派。茶道大师认为自身的职责止于花卉挑选，剩下的则需留给花儿自己去诉说。晚冬时节进入茶室，你看到的或许是一枝纤柔的樱桃枝，伴着一朵含苞待放的茶花——这默示着即将过去的冬季，同时预示即将到来的春日。同样，若你在炎热的夏日午后去茶室品茶，可能会看见阴暗幽凉的壁龛里，悬吊着一个花瓶，瓶内一株百合，露珠自叶尖滴落，仿佛是绽放的笑容，对生命中的愚昧一笑置之。

花儿的独奏已然是妙趣横生，若再与绘画、雕塑协奏一曲，便更令人心醉神迷。石州曾把一些水生植物放入浅盘内，以表示湖泊沼泽内的植物，墙上挂着一幅相阿弥的画作，画上是野鸭飞于天际。另有一位茶道大师绍巴[①]，将一首描写海边孤寂之美的诗作，一个形如渔夫小屋的青铜香炉，以及几株长于沙滩的野花，组合在一起。其中一位客人记述道，在这样的组合中，他感受到了晚秋的气息。

① 里村绍巴，茶人，曾学茶于千利休。

花儿的故事举不胜举，且容我再讲一则。16世纪时，朝颜花[①]在日本尚属罕见，而利休却种了整整一个园子，并且照顾得无微不至。此消息传到了太阁丰臣秀吉耳中，丰臣表示想要去看一看，于是利休便邀请他到家中喝早茶。到了约定的日子，丰臣走入园内，却发现满园竟找不出一株朝颜花。地面平整，铺满了精巧的卵石与沙砾。这位大人带着愠怒进入茶室，映入眼帘的一幕却让他彻底平息了怒气。在壁龛处，在一件珍稀的宋代工艺的铜器中，独插着一枝朝颜花——整个花园中的花之女王！

从这些故事中，我们理解了“花祭”的完整意义。或许花儿自己也能欣赏这种意义。它们并不像人类这般软弱。有些花死得绚烂——正如日

---

① 即牵牛花。

本樱花那样，将自己全然交付于风。只要伫立在吉野[①]或岚山[②]的樱花树下，直面倾泻而来的漫天芬芳，任何人都能体会到这一点。在那一瞬间，它们就像缀满珠宝的彩云，或在空中盘旋，或在水晶般的溪流上空飞舞，之后就随着欢腾的水流飘向远方，隐隐似有声音传来："再见了，春天！永恒，我们来了！"

① 吉野，指的是日本奈良县吉野山，此山以樱花闻名，有"日本第一"之誉，春天来时，粉红色的樱花开满山野，被称为"吉野千本樱"。山脚到山顶遍植樱树，春来之时，樱花满山。

② 岚山，位于京都西郊，海拔382米，以春天的樱花和秋天的枫叶而闻名，东南不远处有桂离宫，是著名的观光胜地。

第七章 茶师

在宗教里，未来是身后之事；在艺术中，当下即永恒。茶道大师认为，真正的艺术鉴赏，只有可能存在于特定人群之中，即那些将艺术鉴赏融入其生活之人。他们力图将茶室中精益求精的标准，用于日常生活的方方面面，任何情况下都必须保持心灵平静无波，并且要谨口慎言，不可破坏周遭的和谐。衣着的剪裁与颜色、身体姿势及走路步态，皆是对自己艺术性情的表露。在这些方面，切不可掉以轻心，因为人若不追求自身的完美，就没有资格去靠近美。正因如此，茶道大师力求使自己超越艺术家的范畴——让自己成为艺术本身。这便是唯美主义的禅。完美无处不在，只需人们去细细感受。正如利休总爱引用的那首古诗所言：

莫待春花开，
白雪藏嫩芽，
用心细细看，
春意已盎然。

茶道大师对艺术所做出的贡献实是不胜枚举。他们彻底地革新了古典建筑与室内装饰，并建立起在“茶室”一章中所提到的新式风格，这种风格甚至影响了16世纪之后的皇宫及寺院的建造。多才多艺的小堀远州，在桂离宫[①]、名古屋

① 位于京都西京区，日本民族建筑的代表之一。

城[①]、二城[②]以及孤蓬庵[③]，都留下了能证明其天资的非凡作品。日本所有著名的庭园皆出自茶道大师之手。此外，日本的陶艺制作，若非得到茶道大师所赋予的灵感，也绝无可能达到现在所见的卓越品质，制作茶道仪式中所用的器具，最大限度地激发了陶艺匠人慧心巧思的投入。凡是研究日本陶器的学者，对“远州七窑”[④]一定耳熟能详。许多织品也常被冠以设计其色彩或样式的茶道大师之名。可以确定的是，我们很难找到一个没有茶道大师涉足的艺术领域。至于他们在绘画与漆器制作方面的贡献，更是无须赘言。日本绘

① 由小堀远州负责的天守阁是名古屋城的主建筑，也是德川家族世代居住之地。

② 指小堀远州设计的二之丸庭园。

③ 位于日本京都大德寺内。

④ “远州七窑”指的是在小堀远州指导下，烧制适合茶道艺术的陶器之窑，分别为：膳所烧（近江）、伊贺烧（伊贺）、朝日烧（山城）、赤肤烧（大和）、志户吕烧（远江）、高取烧（筑前）、上野烧（丰前）。

画中一个极为重要的流派——琳派[①]，就起源于茶道大师本阿弥光悦，他同时也是一位著名的陶艺家与漆器艺术家。在他作品面前，即便是其孙光甫[②]，以及甥孙光琳[③]与乾山[④]的作品，也几乎变得黯然无光。可以说整个琳派就是茶道精神的表达。在这个流派中，我们似乎能够感受到大自然本身的生命力。

茶道大师在艺术领域的地位举足轻重，然

① 琳派，亦称宗达光琳派，为日本17至18世纪的一个装饰画派，追求纯日本趣味的装饰美。

② 本阿弥光甫（1601—1682），号空中斋，在茶道、香道、书画、陶艺方面均有建树，尤精于陶艺。

③ 尾形光琳（1658—1716），在花草画、故事画、风景画等领域皆有所发展和突破，形成一种严谨巧妙的装饰画风，在表现自然朝气蓬勃的生命力方面有独到的成就，为琳派集大成者。

④ 尾形乾山（1663—1743）为光琳之弟，琳派画家、京都彩绘陶的著名代表人物。乾山彩绘作品最重要的特点是将光琳派画风展示在器物之上，其彩绘作品趣味高雅，造型多是异型器物，彩绘形式也极为丰富。

而若与他们对日常生活的影响相比，便显得微不足道了。无论是上流社会的习惯习俗，还是居家的琐事安排，都可以感受到茶道大师的存在。众多精致的菜式，以及奉上食物的方式，皆由他们所创。他们教诲我们衣装须稳重素雅；他们指导我们用正确的态度对待花草；他们强调对简单的热爱源于人类的天性；他们向我们展现出谦逊之美。实际上，正是由于他们的谆谆教导，茶已经进入了每个人的生活。

困在这充满愚蠢和纷扰的人生之海，若不能窥得修身养性的秘诀，必将陷入痛苦的磨难之中，纵然强颜欢笑，装作心满意足，终究也只是徒劳而已。我们在维护道德平衡的道路上步履蹒跚，举目四望，从天际飘浮的云中皆可看到暴风雨将至的征兆。然而，在奔向永恒的惊涛骇浪之中，仍然有喜悦和美存于其中。何不纵身跃入这狂风巨浪，像诸子那样御风而行？

唯有与美同行之人，才能绝美地离世。伟大茶师的最后时刻，如同他们此生的其他时刻，仍然细腻而精致。茶师们终生追求与宇宙万物的节律保持和谐一致，他们早已做好了进入那未知世界的准备。“利休的最后茶会”是悲壮庄严的极致，永远伫立在时光的长河之中。

利休与丰臣秀吉相识已久，丰臣这位一代枭雄也给予了茶师极大的尊重。然而伴君如伴虎，与暴君的友谊终是一项危险的荣耀。在那个充满了出卖与背叛的时代，即使是最亲近的族人也不敢交托完全的信任。利休不是一个奴颜婢膝之人，也从不惧怕与这位暴戾的主公发生争执。于是，利休的敌人利用一次二人间出现冷战的时机，诬陷利休参与了毒杀主公的阴谋。他们低声告诉丰臣秀吉，利休会借煮茶之机，将致命毒药放入茶中，让他饮用。仅是秀吉的疑心，就能作为即刻处死利休的充分理由，而且在这位暴君的盛怒之下，任谁也没有辩解的余地。这位被判死刑之人得到了一项特权——切腹自尽的荣耀[1]。

执行自裁的那一天，利休召集自己的大弟子们，来参加他此生的最后一场茶会。终于到了指定的那一刻，弟子们聚集在玄关，心情沉痛。他们看向庭径，树木似在悲伤颤抖，在树叶的沙沙声中，仿佛还能听见孤魂野鬼的窃窃低语。至于灰色的石灯笼，则像是幽冥地府门前肃穆的守卫。一阵珍贵的熏香气味从茶室飘出，那是主人邀请宾客入内的召唤。客人们依次进入就座。壁龛处悬挂着一幅字画，它出自一位古代僧人之手，讲述的是尘世间万物的幻灭。水壶在火炉上

① 在古代日本，切腹自尽被看作是一种荣耀。这种刑法早先只有武士阶级才被允许使用，农民、工匠及商人都不允许使用这种“荣誉死法”。日本战国时代，只有茶道大师千利休，以商人的身份获得了切腹的荣耀。

沸腾吟唱，就像蝉儿对着将逝的夏日悲鸣，倾吐心中的忧伤。很快，主人进了茶室，逐一向客人奉茶，客人也依序默默喝完手中之茶，主人排在最后。饮毕，根据茶道礼仪，身居首位的客人要向主人要求观赏茶具。利休将所有器具，连同那卷画轴一起摆放在客人面前。在所有人都表达了赞美和欣赏之后，利休给每位客人赠送了一件物品作为纪念，独留下自己的茶碗。他说："此茶碗已受我这不幸之人玷污，不可再由他人使用。"说完，便将其摔个粉碎。

茶会结束了，客人们强忍泪水，向主人诀别后黯然离去，只剩一位最亲近的弟子。他是受利休之托而留下来，以见证最后一刻的到来。利休褪去所穿着的外袍，露出里面洁白无瑕的素袍，他把外袍小心折好，端放于座席之上。利休温柔地凝视着致命利剑那闪亮的刀锋，口中吟诵着优美的辞世之句：

诚敬恭迎，永恒利剑！

弑佛杀神，开汝之路。

随后，利休面带微笑，迈向了那未知的彼岸。

［全文完］

译后记

我对茶的最初印象来自于父亲。父亲爱喝茶，只要他在家，屋内必飘着袅袅茶香。小时候，家里条件并非上佳，但母亲惯会操持，总能节余一些钱下来，给父亲买些好茶叶，那是母亲对父亲的爱了。那时并未深想，只是隐隐约约地觉得很温馨。现在想来，或许那就是人生的滋味儿——带着点涩意，却又有着回甘，还伴随着那无法用言语形容的美妙香气，融着亲人的爱，沁人心脾。那时父亲喝茶并不讲究器具，瓷碗、瓷杯、搪瓷盅皆可泡茶，后来家庭条件好了，家里才添置了各样茶具，原来父亲的“不讲究”只是条件使然。

茶香伴着我的童年，成为我幼时记忆中重要的一部分。后来母亲也爱上了喝茶，而且似乎比父亲更专于此道。母亲的变化是显而易见的，原本她是个风风火火的烈女子，现在却慢了下来，性格也变得柔软，唯一不变的是那颗坚韧的心。或许这种改变也有源于生活的其他因素，但茶之一道也必然对其有着不可忽略的影响。这让我对茶也产生了浓厚的兴趣。

茶到底是什么呢？它有着什么样的经历与故事？茶之一道又蕴含着怎样的意境与意义？茶是怎样影响甚至改变人的容貌和性格的？或许你可以在这本小书中找到自己的答案。

这不仅仅是一本茶之书，也是一本散发着诗意哲思的美之书，更是一本蕴含着人之大道的思想之书。在这本书里，每个人都会有不同的体悟，读者自己的思想也会映射其中，与作者的思想交相辉映，绽放出耀眼的光华。

冈仓天心先生是位奇人，虽是日本人，但其对英语的驾驭能力实在是令人惊叹，这本小书就是他用英文写就的。在阅读、翻译的过程中，书中的文字每每会让我或是拍案叫绝，或是心醉神迷；彼时彼刻，对于我来说，时间已经不复存在，我常常会悚然惊觉夜色已深，甚至是天色已微明。而沉醉于其中的那种感觉，实在是无法用语言尽述，就让我借用这本书中的一句话来描述吧："惊鸿一瞥间，他看见了永恒，但是言语无法道出他内心的喜悦，因双眼所见无法全然用言语形容……"

与其称呼他为冈仓先生，我更喜欢"天心"之名——感应"天"道，一颗七窍玲珑的

“心”，这个解释是我的妄自发挥，但在我看来，这个解释似乎可以更好地贴合此书的意境。天心先生用他的玲珑心细细地体味茶之一道，他能感受到茶道之中所蕴含的天道，以及茶道与天道之间的联系。其笔锋所至，纵横开合，切合主题，由表及里，他用优雅的文字，精准地道出了普通人说不清、道不明的人生感悟，让人读后产生了“啊！确实如此！”的感慨。或许这就是大师之能——能用或平实、或优雅的语言，讲述出普通人模模糊糊间触摸到的、却无法说明白的大道。然而这讲述又并非是嚼饭与人，而是点到即止；指点迷津之时，亦留下了让读者自由游弋的空间。

尽管文中存在着一些不尽翔实之处，如混淆了祝融与共工的故事，或是把文人所在的时代张冠李戴等，然而，在当时，手中只有一本《茶经》的天心先生，却能写出跨越古今中外、涵盖范围如此之广的作品，可见其博览群书、涉猎广泛。瑕终归是不掩瑜的。

茶自中国传入日本，但因历史的原因，中国的茶道发展似乎已落了下乘。虽也有各色茶具、各种讲究，但人们多在聊天谈事之时才会泡茶饮茶，却很少有人愿意再去专心地从茶道中体会人生百态，思索大道真谛。茶之一道已沦为了佐谈之物。唯愿这本小书能对人心有所触动。就让我们手捧香茗，轻啜茶汤，在茶香缭绕中，徜徉在天心先生的《茶之书》所描绘的故事和意境里，体会这大千世界的三千大道，抑或是百味人生吧！

王蓓

2017年4月21日

【附录一】

冈仓天心小传

冈仓天心（1863年2月14日—1913年9月2日），日本明治时期著名的美术家、美术评论家、美术教育家、思想家，是日本近代文明启蒙时期最重要的人物之一。

冈仓天心终生致力于美术事业，他不仅是日本现代美术的开拓者和指导者，还是东方文化的鼓动家和宣传家。

冈仓天心对推动日本美术复兴运动做出了重要贡献，他组织鉴画会，创设了东京美术学校，并以其东方理想主义的思想培养了一代新画家；他还创立了日本美术院，领导了新日本画的运动，并向全世界宣传日本及东方文化，使之走向世界。他提倡“现在正是东方的精神观念深入西方的时候”，还强调亚洲的价值观应该对世界进步做出贡献。冈仓天心提出，“为了恢复和复兴亚洲的价值观，亚洲人必须合力而行”，他认为人们需要克服西方近代解放欲望的弊病，同时以佛教的东方宗教价值观为重，这些价值观包括慈悲、宽容、尊重、道义等。

冈仓天心在20世纪初访问英美期间，意识到西方人对东方世界充满了荒谬的想法及误解，因此用英文相继写下《东洋的理想》（*The Ideals of the East*，1903）、《日本的觉醒》（*The Awaking of Japan*，1904）、《茶之书》（*The Book of Tea*，1906）。这三本书并称为冈仓天心的“英文三部曲”，前一部刊行于伦敦，后两部刊行于纽约。

在《东洋的理想》的开篇，冈仓天心写道："亚洲是一体的。虽然，喜马拉雅山脉把两个强大的文明，即具有孔子的集体主义的中国文明与具有佛陀的个人主义的印度文明相隔开，但是，那道雪山的屏障，却一刻也没能阻隔亚洲民族那种追求'终极普遍性'的爱的扩展。"冈仓天心将亚洲的文明抽象为"爱与和平"，认为近代西方文明与东方文明相比，尽管物质强盛，却将人变成"机械的习性的奴隶"，他认为西方的自由只存在于物质上的竞争，而非人性的自由。

1904年出版的《日本的觉醒》意在面向西方世界的读者，树立日本作为和平之国而非好战之国的形象。它描述了日本等亚洲国家在19世纪末20世纪初所面临的困境，介绍了闭关锁国时期，德川社会的政治文化面貌，以及明治维新后日本社会所发生的巨变，指出日本近代化的原动力来自于日本内部。

1906年，冈仓天心以英文写就《茶之书》，以此书向西方推介了东方的茶道文化，这本小书仅百来页，轻巧纤薄，但其分量却重如泰山磐石，历久弥坚。一百多年来，此书不断重印，且被译成多种语言流传于世。

三部作品中，《茶之书》的影响最大，其语言严谨，用词考究，意义深刻，还入选了美国中学的教科书。该书在为冈仓天心赢得世界性声誉的同时，也向西方世界谱写了一曲意味深长的，以“茶道”为主题的“高山流水”。“茶道”为日本传统美学之精髓，作者以清雅隽永的文笔和浓厚的文人气息，带领着读者一窥日本古典美学的世界。

冈仓天心年表

1863年2月14日，冈仓天心生于神奈川县横滨的一个藩士家庭，幼名角三，后更名觉三，中年号天心。从小除了学习汉语，他还在7岁时进入外国人开办的英语学校学习英语。

1879年，16岁的冈仓天心进入东京帝国大学，成为东京帝国大学的首届学生。在那里，他与充分肯定日本文化的美国人费诺罗萨相遇，并成为其助手，致力于拯救日本的艺术品和文化。

1880年，冈仓天心从东京帝国大学文学部毕业，获得文学学士学位。之后，他在文部省[①]从事美术教育和古代美术保护工作，并扶持狩野芳崖[②]、桥本雅邦[③]的创新活动。

1886—1887年，他与费诺罗萨一起，作为美术调查委员去欧洲和美国考察。回国后，他致力于东京美术学校的创设，同时创办美术刊物《国华》。东京美术学校于1889年正式创立。

1890年，冈仓天心担任东京美术学校第二任校长，兼任帝国博物馆理事、美术部长等职务。

1891年，冈仓天心当选为日本青年绘画协会

---

① 文部科学省的前身，是日本中央政府行政机关之一，负责统筹日本国内的教育、学术、文化等事务。

② 狩野芳崖（1828—1888），日本明治时期的画家，被称为“近代日本画之父”。

③ 桥本雅邦（1835—1908），日本明治时期的画家，与狩野芳崖齐名。

会长。

从1893年起，冈仓天心多次前往中国、印度考察，加深了对东方文化的认识。这是冈仓天心最为活跃的时期。当时东京美术学校在日本颇为有名，培育了一大批美术家，如横山大观[①]、下村观山、菱田春草[②]等人。

1898年，因受到校内人士排挤，冈仓天心被迫辞职，此后与一同辞职的横山等人创立了日本美术院，后当选为评议长，领导新日本画运动。

1904年，由费诺罗萨推荐，冈仓天心来到波士顿美术馆的“中国·日本美术部”工作。此后为了帮助该馆收集美术品，他往返于日美之间。

---

① 横山大观（1868—1958），日本著名画家，新日本画的中心人物。

② 下村观山和菱田春草均为日本知名画家。

此外，他也经常在茨城县的美术室工作。

1910年，冈仓天心成为波士顿美术馆“中国·日本美术部”部长。

1913年9月2日于赤仓去世。

【附录二】

他们：日本茶道宗师

（一）村田珠光——日本茶道的开山鼻祖（1423—1502）

村田珠光是称名寺的僧人，他首先创立了日本的茶道概念。村田珠光30岁时，师从一休宗纯（1394—1481）学习禅宗，领悟到禅宗的真谛。他在参禅中将禅法融入饮茶之中，主张“佛法存在于茶汤”，倡导顺应天然、真实质朴的“草庵茶风”。由于足利义政将军的推崇，“草庵茶”得以迅速发展，风靡全国。

（二）武野绍鸥——茶道中融入歌道（1502—1555）

在茶道的发展过程之中，武野绍鸥可以说是一位承上启下的人物。他是茶道的创始人之一，还是连歌师，同时也是被尊为日本茶道第一人的千利休之师。他以连歌为源泉，继承了村田珠光的理论，同时结合自身风格，另辟蹊径地开创了“武野风格”。他将日本和歌“冷峻枯高”的美学风格应用于茶道、茶具和茶室之中，继承并发展了村田珠光清心寡欲的“草庵茶”。

（三）千利休——茶道第一人（1522—1591）

千利休出生于商人家庭，18岁时拜武野绍鸥为师，后来成为首屈一指的茶道大师。天正十一年（1583年），千利休受到丰臣秀吉的器重，并成为当时日本茶道界的大红人。1585年，丰臣秀吉在皇宫内举办了一次高规格的茶会，由千利休当主持人，这是千利休一生中最高规格的茶会。当日，千利休为天皇点了茶，天皇赐予他“利休”的法号。之后的北野大茶会是丰臣秀吉和千利休合作的高峰，盛况空前，这次盛会对于茶道普及的推动作用也是毋庸置疑的。

千利休在一生中对茶道进行了全方位的改革和完善，融合了园林、建筑、纺织、花木、书画、雕刻、瓷器、漆器、礼仪等，其影响力远远超出了茶之一道。可以说，在整个日本历史上，对日本文化艺术的影响力最为深远者非千利休莫属。

（四）古田织部（1544—1615）

古田织部，又称古田重然，安土桃山时代至江户初期的武将、茶道大师、陶艺家。他是利休七哲[①]之一，开创了茶道织部流，他是继千利休之后天下第一的大茶人。利休生前曾说：能继承我之道统者，唯有重然。古田重然是一名武将，他的茶道风格是雄健、明亮及华美的。他继千利休之后侍奉丰臣秀吉，并奉丰臣秀吉之命，将千利休的平民式茶道改造为武家茶道。在仔细研究了其师的茶风后，古田重然进行了改革。这些改革往往体现在细微之处，比如在茶具上，千利休指导修建的乐窑生产出的茶碗，形状匀整、表面光滑、色彩单一，体现了其谦和、内向的风格；而古田重然指导修建的织部窑生产出的茶碗，形状不整，表面粗糙不平，人称“鞋型碗”，而且茶碗上数色并用，组成大胆奔放的图案，表现出了

① 利休一生中，收入门下的弟子数量众多，既有人出身武士家族，也有人来自百姓之家。其中最为著名的七个大弟子，被世人称为“利休七哲”。按照茶道界惯常的说法，利休七哲分别为：蒲生氏乡、细川忠兴、濑田正忠、芝山监物、高山重友、牧村兵部和古田织部。但也有一种说法指出，利休七哲指的是：蒲生氏乡、高山重友、荒木村重、古田织部、细川忠兴、织田长益和金森长近。

自由、豁达的风格。可以说，利休的美为静态之美，而织部的美则为动态之美。

古田织部在侍奉秀吉之后，侍奉德川幕府的二代将军秀忠。然而，未曾想到的是，他也遭遇了其师的悲剧宿命。1615年，丰臣家族被灭之后，古田重然突然被德川家康指为谋逆罪，最后也切腹自尽。

（五）小堀远州（1579—1647）

小堀远州是日本江户幕府第三代将军德川家光的茶道师范，本身也是一个大名。他是继千利休和古田织部之后的最具代表性的茶道大师之一，创建了茶道远州流派，主要擅长书院茶。小堀远州出生于当时与足利将军过往甚密的世家，可以说是一个含着金勺子出生的贵族公子。小堀远州自幼就多才多艺，在当时就是出色的诗人、歌人及书法家。优越的家庭环境，使小堀远州从小耳濡目染茶道之礼仪作法。天正十六年（1588年）丰臣秀吉到大和郡山城内巡视，当时年仅十岁的远州，便荣幸地担任了在欢迎茶会上献茶的重任。据《甫公传书》记载，“十岁时即得遇利休，其时曾仕奉太阁光临，利休用木帛茶巾点茶，时年利休七十岁。”

（六）本阿弥光悦（1558—1637）

本阿弥光悦，号德友斋、大虚庵，是日本江户时代初期的书法家、艺术家，书道光悦流的始祖。他在茶道、书画、漆艺、陶瓷工艺、刀剑鉴定等多方面都有独到的成就。本阿弥光悦出生于京都，其家族一直以刀剑鉴定、锻造为业。光悦早年也曾继承家业，但之后他的艺术创造领域逐渐拓宽，后来扩展到书法、陶艺、漆器艺术、出版、茶道等。光悦对茶道最大的贡献当属茶碗，他为陶胎上色釉时，如同在纸上泼墨一般，大胆挥洒，细心运筹，气势雄迈，其所制的茶碗被誉为“天下逸品”。他为女儿出嫁时所制作的茶碗——“不二山”，至今仍被视为无价之宝。“不二山”指的是今日的富士山，其意喻为：富士山的雄伟与壮美乃是独一无二的。此茶碗也被世人称为“振袖茶碗”，盖因光悦之女曾用其和服袖子包裹之故。

（七）片桐石州（1605—1673）

片桐石州，接替小堀远州，成为江户幕府第四代将军秀纲的茶道师范。片桐石州师从千道安的弟子桑山宗仙，承继了利休的茶道，同时还加入自己独特的风格和创意。他制定了武家茶道的规范——《石州三百条》，开创了茶道石州流。石州流派的茶道在当时十分流行，追随者及后继者众多。

（八）织田有乐（1547—1621）

织田有乐，即织田长益，安土桃山时代至江户初期的武将与茶师，利休七哲之一，他开创了茶道有乐流。

起初他任职于织田信长长男信忠麾下，在本能寺之变时逃出京都。本能寺之变后，他侍奉织田信雄，后来剃发，效忠于丰臣秀吉。之后，他在京都建仁寺正传院内设置如庵，创茶道有乐流。之后，织田有乐因被怀疑是江户幕府的间谍，以疑似串通敌方的罪名被逐出大阪城，从此隐居在京都。

（九）最澄禅师（767—822）

最澄禅师，俗姓三津首，“最澄”是其出家后的法名。最澄大师佛缘深厚，年仅十二岁就到寺院成为一名小沙弥，到二十岁那年，他接受佛教中最正式的戒律“具足戒”，正式出家。公元

802年，最澄特地上表天皇，请求到中国求法。第二年，最澄、义真获准随遣唐使的船出发前往中国。可惜天公不作美，最澄等人所乘坐的船出发以后，海上风急浪高，船无法前行，不得不返回日本。然而，最澄并没有因此而放弃来天台山求法的念头。公元804年， 最澄再次搭乘遣唐使的船，终于如愿以偿地踏上了中国的土地。公元805年5月，最澄搭乘遣唐使的船回国。回国之时，最澄携带了三件东西：佛经、书法碑帖及茶种。他带回的茶种，被种植在日本比睿山，成为日本茶叶之祖。日本最早的茶园比睿山日吉茶园，就是最澄大师用天台山云雾茶的茶籽播种的。

（十）荣西禅师（1141—1215）

荣西禅师，是临济流派的鼻祖。他一生致力于研究佛经与茶叶，曾先后两次到中国学习。除了学习中国文化、佛经，他还用大量的时间学习中国的种茶和制茶的技术。他不但把中国的经卷带回了日本，还把中国的茶籽也带了回去。他把茶籽种植在肥前山（今佐贺）的春振山和荣西所在的山寺拇尾高山寺周围，后来成为拇尾名茶。值得一提的是，荣西禅师在日本宣传中国茶叶，提倡以茶治病，并著有《吃茶养生记》一书。该书在全日本广泛流传，“不论贵贱，均欲一窥茶之究竟”。

它们：日本茶道流派

在日本丰臣秀吉时代，即室町时代末期（公元1536-1598年，相当于我国明朝中后期），出现了一位茶道大师千利休（公元1522-1591年），千利休创立了利休流草庵风茶法，为茶道增添了极致的美感，一时风靡日本，将茶道发展推上顶峰，同时使茶道摆脱了物质束缚，还原到了淡泊寻常的本来面目，把茶道从贵族推广到平民阶层。然而，千利休在民间的声望威胁到了当政者的权威，丰臣秀吉借口平乱，颁布了士农工商身份法令，以莫须有的罪名勒令千利休剖腹自杀。

现今日本比较著名的茶道流派大多和千利休有着深厚的关系，千利休死后，利休流茶道趋于消沉。直到千利休之孙千宗旦（1578-1658年）时期才再度兴旺起来，因此千宗旦被称为“千家中兴之祖”。千宗旦倡导茶禅一味，正是他奠定了千家茶道的基础。至晚年，千宗旦起了退隐之意，他将自己的茶室不审庵传给第三子宗左后，在同一间住宅里兴建了另一间茶室，与幼子宗室搬入居住。这个后建的茶室就是今日庵，它再现了利休时代的四帖半茶室风格，其间又隐藏了八帖半的广间寒云亭。今日庵后由其幼子宗室继承。前述第三子宗左继承的不审庵，以及后来第二子宗守分家出去后建立的官休庵，再加上今日庵，这三个茶室即为今天三千家的雏形。千宗旦隐居之后，千家流派便开始分裂，出现了数以千计的流派，其后又以千宗旦三子开创的三大流派为首，这就是“三千家”的由来。三千家指表千家、里千家和武者小路千家。这几个流派一直流传至今，其中以里千家最为有名，势力也最大。

里千家

千家流派之一，始祖为千宗旦的小儿子仙叟宗室。里千家实行平民化，他们继承了千宗旦的隐居所“今日庵”。由于今日庵位于代表了千家流派的不审庵的内侧，所以不审庵被称为表千家，而今日庵则称为里千家。里千家门徒众多，占日本茶道人口的半数以上。里千家奉行利休七则：茶温的高低，炭的火候，水温的季节调整，插花的布置，奉茶的及时，雨天的准备，待客的诚意等。其认为茶道的根本是用身体去感应大自然的四季，将茶室的陈设和对客人的款待方式作为茶生活的基本文化。里千家的特征正是崇尚“积极性”，在此，“积极性”是指在点新茶时与别的流派相比更为热心。

里千家使用的茶筅是白竹，在喝茶前将茶碗顺时针转动，喝完后逆时针转回，女性茶人使用的手帕颜色基本上是素色或略带图案的粉红色，茶风为自由清新，使人感觉易接受新鲜事物。里千家点茶时也独具一格，在点薄茶（正式点茶前的一道茶，即前茶）时，打出丰富的泡沫，能够全面覆盖茶的表面。

表千家

千家流派之一，始祖为千宗旦的第三子江岭宗左。其总堂茶室就是“不审庵”。“不审庵”的名字是从禅语“不审花开今日春”而来。“不审”即诧异之意，也含有对于超越人类智慧的大自然之伟大及不可思议的莫名感动之意。

表千家为贵族阶级服务，他们继承了千利休传下的茶室和茶庭，保持了正统闲寂茶的风格。所谓闲寂茶，就是指在简朴、静寂的环境中享受品茶的枯淡之趣。千利休的茶道思想认为，品茶不是简单的视觉、味觉等感官的享受，而是在品茶的过程中，全身心去体验并探求美的风情和境地，这也正是表千家的底蕴所在。表千家认为，端出美味的茶，宾主尽欢，达成心灵间的默契是茶道所要表达的最重要的思想。

表千家使用的茶筅是煤竹，在喝茶前将茶碗逆时针转动，喝完后顺时针转回，女性茶人使用的手帕颜色为素净的朱红色，茶风为老成持重、固守传统。

武者小路千家

千家流派之一，始祖为千宗旦的二儿子——翁宗守。其总堂茶室号称“官休庵”，该名号据说为宗守建造茶室时由父亲千宗旦所命名。“官休庵”的确切含义至今未明，但后人猜测为“辞官在此只因专注于茶道”之意。该流派是“三千家”中最小的一派，以宗守的住地武者小路而命名。

武者小路千家使用的茶筅是黑竹。

除了上述三大流派外，还有不少流派在历史中昙花一现。这些流派在1939年—1945年期间消失或者几乎消失。现将这些流派记载做如下简单叙述：

薮内流派

始祖为薮内俭仲。当年薮内俭仲曾和千利休一道师事于武野绍鸥。该流派的座右铭为“正直清净”“礼和质朴”。擅长于书院茶和小茶室茶。

远州流派

远州流茶道创始人小堀正一（1579-1647），于天正七年生于一豪族之家。庆长十三年曾官任“从五位下，远州守”，故被世人称为小堀远州。主要擅长书院茶。

安乐庵流

创始人安乐庵策传，在江户时代流行于伊势地方，是宗旦流中的一个古典分派。安乐庵策传，是日本安土桃山时代和江户时代的僧侣、茶人及作家。安乐庵策传非常擅长说笑话，他写于1623年的著作《醒睡笑》，是日本笑话集的先驱，对后来的日本文学有非常大的影响。

怡溪派

江户中期的茶道禅僧，江户品川东海寺高源院的鼻祖。茶道学习石州流。开创了怡溪派。之后成为大德寺住持。法忍大定禅师。

上田宗个流

又称为“上田宗箇流”，是宗箇发展完善了武家茶，江户时代通过浅野家向外传播，就成了“上田宗个流”这个茶派，这一茶道流派以广岛县为中心，至今仍有许多门人学习此道。活跃在京都一带，是由武家茶发展而来。

有乐流

由利休的高徒织田长益所创。

江户千家流

创始人川上不白，受表千家流七世如心斋宗左命，于江户时代开设的分派。不白去世后，又形成了新的分派。

织部流

由丰后中川藩古田家继承，该流派主要在九州存续。

细川三斋流

创始人细川三斋忠兴，利休七哲之一，室町末期利休流的分派，谨守利休茶汤的正统，在武家大名间广为流传。

肥后古流

江户初期，肥后细川藩在三斋、忠利父子的影响下，茶道盛行，代表者为以古市流为首的肥后古流三家。

小堀流

肥后古流三家之一，创始人小堀长斋（非小堀远州），为宗庵高徒。

萱野流

肥后古流三家之一，创始人萱野隐斋为宗庵高徒。

宗和流

日本茶道流派之一，隶属日本江户时代诸流派三斋系，创始人金森宗和，金森长近子，以织部流为本，吸收道安流和远州流精华，是江户初期武家茶道的代表流派之一。

不白流

全称为“江户千家流不白流”，是从“江户千家流”中分化出来的。但较之更为风雅，朴实，更接近于日常生活。创始人川上宗顺，是江户千家流的分派。与松尾流、三谷流、久田流等同属“表千家系”。

藤林流

创始人藤林宗源，大和小泉藩家元。继承了石州茶系的直系茶风。又称石州流宗源派。与镇信流、清水流、新石州流、古石州流、不昧流和石州流同属“石州流系”，又称“道安系”。

镇信流

创始人松浦镇信，肥前平户藩藩主，继承了石州高徒藤林宗源的茶法。在江户时代初期建立分派。

奈良流，或称珠光流

日本茶道早期流派，由村田珠光创始于室町中期的东山时代，是茶事日本化的开始，建立茶事礼法，通过进行茶事活动表达对心的珍视、追求“侘”的理念。开创了茶室采用草庵式建筑的格局。

宗徧流

其实应是宗遍流，创始人山田宗遍，千宗旦的高徒，从宗旦流处传承了千利休正风之称的茶法。其实宗遍流所传的思想，就是千利休的思想，就是日本茶人名家所要发扬的思想，同样也是茶道发展千古不衰，使其走出误区，不被世俗腐蚀并逐渐被大众人士广泛接纳的原因之一。此派坚持沿用古法，用御守盐和裙带菜来煮新茶碗。

普斋流

隶属江户时代诸流派，宗旦流系（少庵系），创始人杉木普斋，千宗旦的门人，传承了宗旦古淡的“侘”之茶风。

清水派

又称清水流，创始人清水道闲，仙台藩茶头。受主命向片桐石州学习茶道，归藩后建立分派，家元世代以道闲为名，世袭仙台藩茶头。此派多用御守盐煮过的竹子制作茶道用具。

宗旦流

千宗旦，利休之孙，江户初期创始。宗旦有“乞食宗旦”的别称，对“侘”之理解可谓透彻。

南坊流

或称立花流，创立于江户时代，创始人立花实山，筑前黑田家家臣。以《南坊录》茶风为代表，主张回归利休的茶风。

野村派

因其风格随意性，更趋向于下层社会人士，且更助于交流和推出发展，此派是由野村休盛所创。常在夏日薄茶里点一粒绿豆粒大的御守盐，静置到茶水温和后品尝。因此派深信茶味的深邃和变化在加入御守盐后才可以感觉到。

速水流

创始人速水宗达，继承了里千家八世家又玄斋宗室的奥义开创的分派，是冈山池田藩的茶头，以冈山为中心，传播甚广。其古式的点前作法至今尚存。属“江户诸流派”“千家系”的“里千家系”，全称为“里千家系速水流”。所传至今，法嗣七代。皆以速水冠名，第七代是速水宗乐。

久田流

千利休外甥久田宗荣开创的利休流茶道分派，表千家的茶家，属于表千家之一。与三谷流、松尾流、堀内流、表千家流、江户千家流、不白流风格几乎相似，属于千利休正统嫡派。

堺流

武野绍鸥继承了奈良流的精华，于室町末期在界町创立，或称绍鸥流。

古市流

创始人古市宗庵，江户初期的名茶人，藩中的茶头，开创的古市流是肥后古流三家之首。与小堀流、萱野流并称为肥后古流三家。

不昧流

隶属于日本江户时代石州流系（道安系）。创始人松平不昧，出云松江藩主。最初学习一尾流，后来向伊佐幸琢学习石州流，加入自己独特的茶风开创的分派。

堀内流

创始人堀内净佐，表千家的茶家，利休流茶道的分派。所用茶碗必须是俱攞钵，茶道风格更像是一种祭祀仪式，后因二战造成俱攞钵产量急剧减少，此派消失。

松尾流

迁玄哉（？—天正四年（1576）十一月十

日），京都德连歌师、茶人。屋号墨屋，是禁中御用的吴服商人。师从绍鸥学习茶道二十年，被称为绍鸥的“一之弟子”。山下宗二评价其“茶汤天下一之下手”，从绍鸥处得到《珠光一纸目录》，曾指导利休台子之古法，后来千家称该技法为“墨屋传授”。所持名物有鬼桶信乐水指。其三代目宗二时，改姓松尾，称松尾流茶道，玄哉被尊为松尾流的始祖。

壶月远州流

全日本26%的阴阳师习用的都是此派，因此派风格奇异，多参杂祭祀内容。

另外，还有石州流、古石州流、新石州流、三谷流、三斋流、大口派等流派，世鲜传者。

（根据网络资料整理）

图书在版编目(CIP)数据

茶之书：插图珍藏版 /（日）冈仓天心著；王蓓译. —武汉：华中科技大学出版社，2022.3

ISBN 978-7-5680-7850-4

Ⅰ. ①茶… Ⅱ. ①冈… ②王… Ⅲ. ①茶文化—日本 Ⅳ. ①TS971.21

中国版本图书馆CIP数据核字（2021）第268193号

茶之书：插图珍藏版
Cha Zhi Shu: Chatu Zhencang Ban
（日）冈仓天心 著 王蓓 译

策划编辑：娄志敏
责任编辑：娄志敏
封面设计：三形三色
责任监印：朱 玢
出版发行：华中科技大学出版社（中国·武汉） 电话：（027）81321913
武汉市东湖新技术开发区华工科技园 邮编：430223
印 刷：湖北新华印务有限公司
开 本：880mm × 1230mm 1/32
印 张：6.5
字 数：171千字
版 次：2022年3月第1版第1次印刷
定 价：45.00元